身近にあると
うれしい花、
残しておくと
ヤバイ野草

# 庭時間が愉しくなる雑草の事典

森昭彦 著

# はじめに

## 小さな庭と雑草たち

鉢植えに土を入れたら、そこはもう、小さな庭である。いくつか草花を植えれば、あなただけの花園になる。あるいは、食卓にひと皿を増やしてくれる菜園にもなるのだ。

さらに、プランターやおうちの敷地の片隅を植物に提供できるなら、もっと贅沢が愉しめる。ただ、わずかなスペースでも、思い通りに管理するのはたやすくない。というのは、気難しく、気まぐれな植物が本当に多いうえ、「雑草」たちまでもが、ひょっこりやってくるから。

そんな居候たちは、なんだか地味で、どれも似たりよったり。しかも続々と新手が訪れる。どうしたものかと調べ始めるも……。

いわゆる雑草——身近に野生する植物——の数は、みなさんの想像をはるかに超える。その顔ぶれは刻々と変化し、専門家でも悩みこむほど、どんどん複雑になっている。

けれども目が慣れると、おもしろいくらい〝識別〟できるようになる。よく分からない植物は、ひとまず開花を見届けるとよい。わたしたちの目には、葉の姿はどれも似て見えるが、花の姿は覚えやすい。

雑草たちの、小さいながらも工夫を凝らして彩色した花と、愛らしい結実、そして茎や葉との合わせ技。色の濃淡、美しいフリルのような葉の切れこみ具合、そして銀毛のささやかでやわらかな輝き。「これを活かさぬ手はない」と、創作意欲と好奇心に火がつく。

園芸種のキク（中央・オレンジ）と
雑草たちをグラスに生けてみた。
提供：森 ひとみ氏

庭の雑草でテーブル・フラワー（中央部：ホトケノザ、周辺部：ナズナ）。

ちょいと衝動的に寄せ植えにしてみたり、小さなブーケに仕立ててみたり（写真）。ひとまず寄せ植えは、華麗な園芸植物のそれと比べて、脱力のあまり心なごむこと間違いなしである。ぜひ試してみてほしい。なかば正気を疑われそうな遊びであるが、やってみると、なんだかとっても愉しい。

雑草たち――ホトケノザ、イヌナズナ、ナズナ、オオイヌノフグリ――の寄せ植え。

## 新たな試みは、まず控えめに

そんな雑草が庭にやってくるのを待つもよし、あるいは、ご近所を散策すれば、数百種をはるかに超える面々と出逢うこともできる。どれも地元で育っているものなので、もし連れて帰ることが叶えば、あなたのお庭でも元気に育ってくれる可能性がとても高い。

初学者でも扱いやすい種族について、第1章〜第3章でご紹介してゆく。姿が愛らしいもの、香りがよいもの、園芸植物とその美を引き立て合いそうなものを厳選した。

日陰や家の北面など、普通の園芸種ではどうにもならないエリアを、美しい野生種に任せてもよい。そんな代表格は第4章でご案内する。

1. オオイヌノフグリ
2. ヒメオドリコソウ
3. 原種系チューリップ／クルシアナ・レディージェーン（濃いピンクとホワイトのツートンカラー）
4. バーバスカム／ウエディングキャンドル
5. センニンソウ
6. クリスマスローズ
7. ナンテン
8. つるバラ／ポールズヒマラヤンムスク
9. カラスノエンドウ（ヤハズエンドウ）
10. ワイルドストロベリー
11. ジャーマンカモミール
12. ミニバラ／キャシーロビンソン
13. トキワハゼ
14. ハハコグサ
15. ムギクサ
16. アマドコロ
17. ノミノツヅリ
18. ローズマリー／日野春ブルー

園芸種　野生種

ただ、可憐な野草をあなたのお庭で育てるときは、ごく控えめに。できる限り具体的な方法を植物ごとに示すが、野生種の動き方は本当に気まぐれで、気候や地域によってまるで違う結果になる。あくまで様子を見ながら進めることをお勧めしたい。

　それぞれの特徴や性質が呑みこめてくれば、野生種と栽培種の両方を散りばめた、理想の庭（上図）を思い描くのは愉しい。あなたのお庭を園芸店だけでなく、野辺の世界ともリンクできたならば、舞台装飾の広がりは無限大となる。

　重ねて申しあげるが、この企ては控えめに始めよう。第1章〜第4章に登場する種族は比較的大人しいものの、それは雑草と呼ばれる植物の、ほんの一面にすぎない。

## 最高の防衛法は「知ること」

庭に来る雑草には、園芸植物と一緒に華やぎを添えるものがいる一方、廃墟のように荒廃させるものもいるのは、周知の事実。

「ならば全部抜こう」「まずは草取り」というのは、ある意味正しいが、キリがない。そこに待つのは、除草という名の無間地獄である。

雑草のすべてを敵にまわすと、小さな庭であっても苦痛にあえぐ。しかし、「キナ臭いヤツ」に的をしぼれば、物事は驚くほど気楽に運ぶ。

第5章で紹介するのは、どれも厄介な連中で、放っておけばどこまでも殖え、栽培種を容赦なく蹂躙してしまう。なかには、強烈な薬剤ですら根絶がむずかしい、心底ヤバイヤツらもいる。あなたのお庭で見ないものもあるはずだが、いつ訪問してきても不思議がないものばかり。

そんな強敵でも、〝知って〟いれば対抗できるのが自然の妙味。写真などでイメージをつかみ、庭に侵入してきたなら即刻「さよなら」する。もしも見逃すと、5年10年と戦いに明け暮れる日々を強いられるけれど、早期発見・早期駆除ができれば、平和は守られる。「どれが、どんな具合にマズいか」もご案内する。

## 図太く、そしてしなやかに

さて、どんな生き物でも、〝図太さ〟がなければ生きてゆけない。上品にいえば、〝しなやかさ〟であろうか。雑草はまさしくそれを有し、その生命力は、豊富な栄養と特殊な薬用成分に支えられている。第5章に登場する厄介な顔ぶれにも、古くから「食べるとおいしい」「薬草になる」と重宝された歴史を持つものがある。先人たちの食い意地……ではなく探究心は、雑草のしなやかさと同等かそれ以上であった。収穫の最適期、利用部位、下ごしらえの方法も追究されている。日本人らしいとても細やかな仕事である。

そうした情報にも触れるが、安易な利用は推奨しない。少なからぬ注意点があり、現代ならではの事故が多発しているため、食用・薬用に切望する場合、少なくとも、巻末の参考文献などで知識を整理したい。こればかりは図太さでなく、謙虚なしなやかさで向かい合いたい。

# もくじ

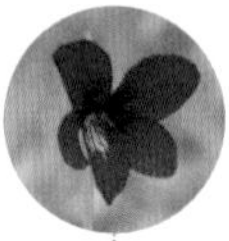
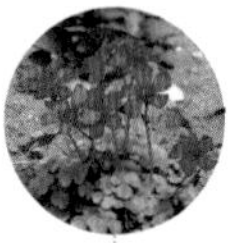

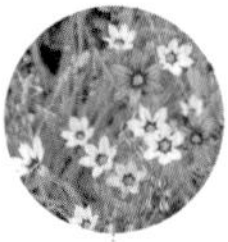
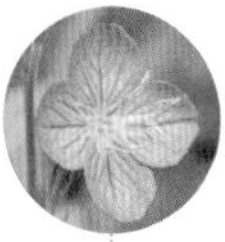



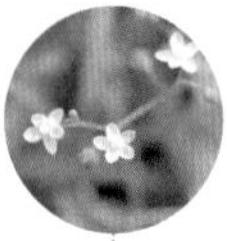

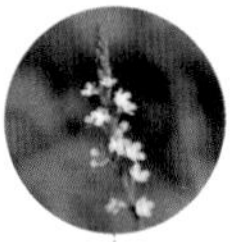

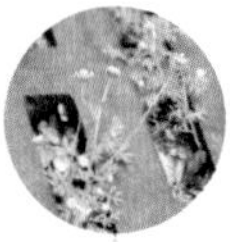

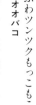

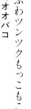

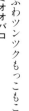

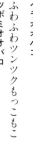

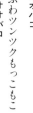

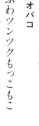

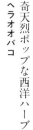

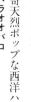

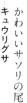

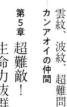

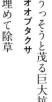

# この本を読む方へ

## 道具について

・除草や採取といった作業の際は、革手袋などの丈夫な手袋をし、長袖・長ズボンを着用することが望ましいです。

・「ハンドシャベル」とは片手で扱える、移植ごてのことをいいます。「大きなシャベル」は足をかけられる大型のもの、「大きめのシャベル」はそれよりやや小さいものを指します（地域によっては「スコップ」と呼びます）。

## 採取の注意点

・どんな土地にも「所有者」や「管理者」がいることを忘れないよう心がけましょう。採取してはならないケースでの持ち去りや摘み取りが問題になっています。公園や保護区などでの採取は厳に慎みましょう。

・個体数が少ない場合、その種や環境を保存するため、採取は控えましょう。

・病変（白カビ、茎葉のちぢれ、黒変部など）があるものは避けます。

・地下の根で殖えるタイプの植物は、根の一部だけを採取して、残りの本体は元に戻します。

・結実していたら、タネは全部持ち去らず、一部を残しましょう。

・茎葉や茎先を食用にしたい場合、鋭利な刃物でスパッと切ります。切断面が小さいほど、植物の早い回復が期待できます。

・地上部すべてが欲しい場合、地面から5〜10㎝の高さで切ります。茎葉をいくらか残すと、再生の可能性が残ります。

## 食用・薬用の注意点

・植物ごとに「採取するところ」「下ごしらえ」「注意点」などが異なります。プロの指導を受けるか巻末の参考文献などを参照してください。特に「薬用」にする場合は専門書のガイドに従うことがとても重要です。手順や用量・用法が正しく守られないと、健康を損なう恐れがあります。

・「丁寧な水洗い」と「加熱調理」を強くお勧めします。

・ただし、有毒種（特に猛毒種）の多くは、通常の加熱調理では減毒できません。加熱したうえでの重症例・死亡事例も多く、「分からないものには手をつけない」ことがなによりも大切です。

・味見の際は、「確実に見分けられる」ものだけを口に運びましょう。それでも最初は、前歯でかじって味を確かめるだけにします。かじったものを「呑みこまない」ことがとても重要です（もしも有毒種であっても軽傷で済み、回復も劇的に早いです）。

・野生種は小鉢や副菜、あるいはトッピングくらいで愉しみましょう。多量摂取により、健康を損なう恐れがあります。体に合うかどうか、少量から試してゆくのが長く愉しむコツです。

・摂取目的で乾燥させてから使う場合、微細なカビが生えることがあります。このカビは命にかかわるほど大変危険です。植物ごとすべて廃棄してください（各国で大規模中毒死が報告されています）。

・よく知られている身近な薬草でも、基礎疾患やアレルギーを悪化させる場合があります。食べ合わせ、飲み合わせ、用量・用法の注意点について専門書や公共機関の情報などでしっかり調べてから試したほうが安心です。

間違えられやすい植物の例

ノビル

スイセン（有毒）

セリ

ドクゼリ（有毒）

ほかにも、食用となる植物と似た有毒種の組み合わせは多数あり、上記はほんの一例です。

# 第1章 庭に招きたくなる愛らしい雑草

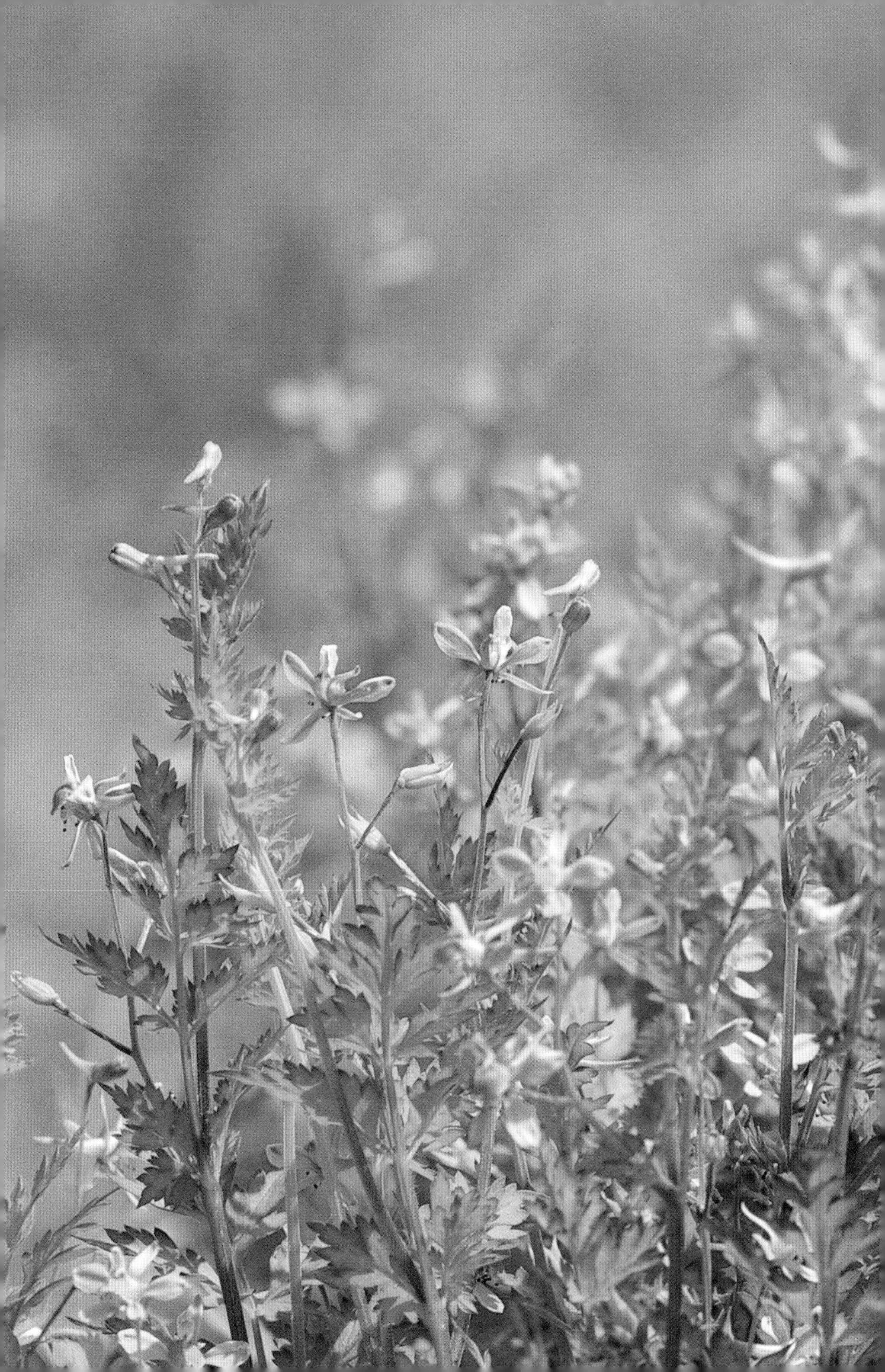

# 奇妙な趣味に泣かされて

## スミレ

### 好みはそれぞれですが

スミレの仲間は花のバラエティーがとても豊か。おおまかに数えると、60種ほどが日本に住みついている。細かく分けると200種ものスミレの花を愉しめる。

スミレ（菫）の語源は、花の姿が「大工の墨入れに似ているから」など、さまざまな由来がいわれるが、どれも決定打を欠き、定説がない。

スミレの花色は濃厚で、格調も高い紫。すみれ色という言葉があるくらい、見る人の心を強く惹きつける。花の顔立ちもひときわ上品で、立ち姿もこよなく風雅。ここまで洗練された美しさを持つのに、住まいの趣味だけはちょっと変わっている。

国道の交差点、ガードレールの下、家の側溝の割れ目など、とても快適そうには見えない場所を非常に好む。すぐそばの野辺に足を向けることはあっても、定着しないところを見ると、たぶん気に入らないのだろう。その風変わりな好みが、わたしたちをひどく困惑させる。

### ご機嫌を取るのがもう大変

野生のスミレは、根から採取して持ち帰っても育たない。根を少しでも傷めると、猛烈に機嫌を損ね、すみやかに天国へ旅立ってしまう。

**スミレ**

*Viola mandshurica* var. *mandshurica*

**性質**：多年生
**開花期**：3～6月
**分布**：北海道～九州
**生命力**：★☆☆

そこでタネを採って挑戦する。シーズンは初夏。スミレの仲間は春に開花するが、初夏にも密やかに花をつける。そしてこの時期、つぼみのまま結実する（閉鎖花という）。

結実の姿は写真のようになるが、次の瞬間にはサヤがねじれてタネを放り投げる。このみっつのサヤが「開ききる前」に採るのがポイント。このタイミングであればタネは間違いなく完熟し、発芽率も高い。

ポットや庭にまくと、確かに発芽する。ちょっとしたスミレ畑ができればと、陽あたりのよい、養分もあり、排水性も最高の一等地にたくさん植えつける。わくわくして春を待つ。しかし葉っぱだけで花は咲かず。やがて挨拶もなく消える。家の側溝に住むヤツは毎年咲くのに。

ポツポツと華やぐのもスミレの魅力だが、庭で小さな群落に仕立てれば見応え抜群。時が経つのも忘れるほど典雅な情景に。

スミレのお花畑もよいが、ぽつぽつと咲く姿がとても風雅。これを活かしたい。

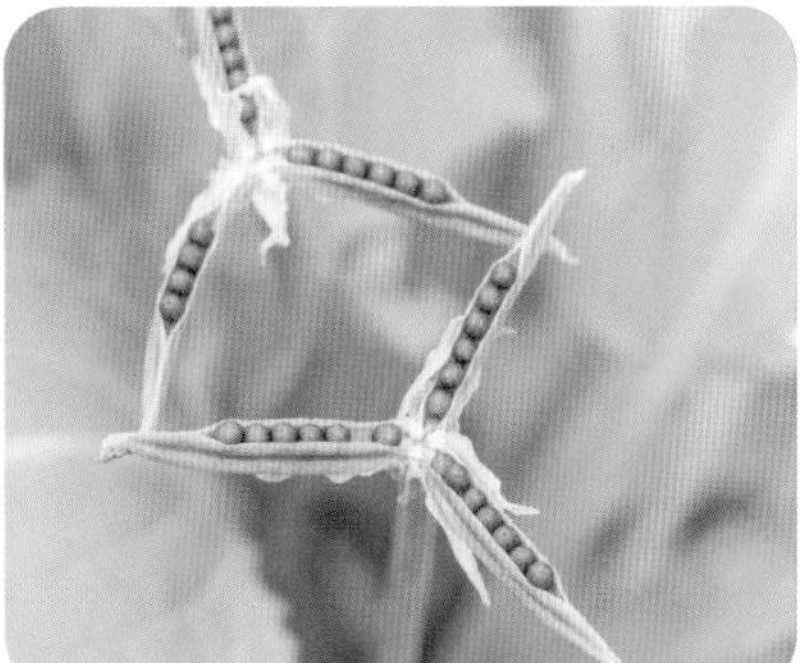

スミレの結実が開いた瞬間。「開ききる前」に採るとよい。

# 春の青空は変幻自在

## タチツボスミレ

### 空色の愛嬌者

タチツボスミレ（立坪菫）も身近でよく見る種族。

スミレの花は濃厚な紫色であったが、タチツボスミレは春の空のように澄んだ水色。花びらも大きく開き、顔立ちはぽっちゃりしてふくよか。とてもおおらかそうなその表情は、彼女の性格をそのまま表している。

山野では、見事な大群落となって草むらを空色に染めあげ、「わたしのお庭がこうだったら！」と胸を熱くする崇拝者は多い。

このスミレは、なかなか豪胆なところもあって、突如、庭にやってくる。

家の周りの、普段は人があまり行くことのない日陰の隅っこに、ちょこなんと座りこみ、満面の笑みで咲き誇る。常に新天地を求め、さまようのだけれど、気に入った場所には長く定住する。

さて、野生のスミレを思い通りに育てるのは、前項で書いたように、意外とむずかしい。けれどもタチツボスミレは例外で、とても話が分かる貴重な存在である。

### 日陰が大好き

タチツボスミレを庭に誘いたい場合、人里で採取が叶うなら、根から丁寧に掘り起こし、移植するとよい。

**タチツボスミレ**

*Viola grypoceras* var. *grypoceras*

**性質**：多年生
**開花期**：２～５月
**分布**：全国
**生命力**：★★★

移植先は、半日陰《はんひかげ》か日陰の場所で、湿り気があれば申し分ない。普段から日陰が多く、園芸種がうまく育たない場所でも、タチツボスミレなら素晴らしい仕事をしてくれる。ただ、日向《ひなた》に植えても問題はない。あの澄んだ空色の色香が映えるのは、やはり影のある日陰なのだ。鉢植えも同様で、カンカンに陽があたる場所は避けたい。

定着しても、数年で消えてしまうかもしれぬ。彼女たちの性格上、それが普通で、嘆くには値しない。

タチツボスミレは変幻自在で、花色、花の大きさなどが地域ごとに変化するほか、そもそも個体ごとに装いの趣味やこだわりがあるようで、バリエーションに富む。散歩や旅の途中、物色するのはとても愉しい。

花が少ない早春にとても美しい彩りを添えてくれる。花期が長いのも大きな魅力。

### 活用のヒント

**食用に**
生の若葉や花をサラダ、天ぷらなどで。

**民間薬に**
ノドの痛み止め、解熱に用いられた。

**＊特記事項**
ほかのスミレの仲間には特殊な刺激成分（アルカロイド類）をつくるものがあり、食用や薬用に向かない。タチツボスミレは例外的。

こんもりと茂ればブーケのように咲き誇る。

# あなたのお庭にUターン

## ベニカタバミ

### その美しさ、折り紙つき

カタバミ（p.182）は、ある意味、世界最強の雑草ともいえるが、その生命力、あの花の愛嬌、ふざけたほどの花数の多さを、園芸家が放っておくわけもない。世界中のカタバミを集め、かけ合わせてきた。現代の園芸店では、こうした交配種がズラリと鎮座する。

ベニカタバミもそのひとつ。由緒も正しき園芸品種で、店先では鉢植えのなかでおすまし顔。

これが温暖な地域で野生化を始めた。持ち前の野性的な生命力を守り通し、近年、待ってましたと荒れ地や野辺で遊ぶようになった。

厚みがあり、毛に覆われた美しい緑の葉を、地べたの上にこんもりさせるのが特徴。その中心から花茎をすっと伸ばし、鮮烈なまでの紅桃色の花をそれは贅沢に咲かせる。

真夏は休暇を取り、ひとたび姿を消すこともあるが、涼しくなれば再び新しい葉を伸ばしてくる。

### 庭に「おかえりなさい」

ベニカタバミは、立ち姿がスタイリッシュで、全体がコンパクト。園芸カタバミの多くは大きく乱れて広がりがちだが、これらとは一線を画したお行儀のよさが魅力。

**ベニカタバミ**

*Oxalis brasiliensis*

**性質**：多年生
**開花期**：4～5月
**分布**：関東以西
（南アメリカ原産）
**生命力**：★★☆

決してお安くはない園芸種を、いまなら野辺でとっつかまえることができる。うれしい半面、心中はちょっと複雑だけれども。

「さあ、もとの居場所に帰っておいで」と、庭やプランターへ誘ってあげてもよい頃合いだろう。

ベニカタバミの採取には、ハンドシャベルがあるとよい。地下にはぷくっとふくらんだ太い根がある。これを傷つけぬよう、株よりひとまわりくらい大きめに掘って、新しい寝床に優しく植えてあげる。

この根を「鱗茎《りんけい》」といい、うまく育つと、根の周りにウロコのような、小さな球根ができる。これが自然に剥がれ落ちると、新たな子株になる。放置すると殖えてゆくので、必要に応じて鱗茎を掘りあげ、間引く。

草丈は大きくなっても 10cmほど。コンパクトなので鉢物の寄せ植えにして遊ぶのにも最適。

ドクダミにも対抗できる生命力がすごい。

葉姿。成長すると表面に艶が出て美しい。

# 遊べるピンクのしっぽ

## イヌタデ

### 根強い人気野草

イヌタデ（犬蓼）のイヌは「あるものと似ているけれど、役に立たない」という意味。ここでいう〝あるもの〟はヤナギタデ（柳蓼）のことで、全草に強い辛みがあり、古来、食用や薬用に重宝されている（身近で出逢える機会はあまりない）。「役に立たない」というのは、あくまでヤナギタデとの比較の話。

イヌタデも、全草を乾燥させたものが腹痛や下痢をおさえる薬湯にされた。あるいは、湿疹やかぶれなどを改善するための入浴剤にもされてきた。

花穂は食用に使われ、デザートやサラダをはじめ、さまざまな料理で愉しまれている。この花穂の濃厚なピンクの色彩は、生け花やフラワー・アレンジメントでも活躍する。

道ばたの群落が開花期を迎え、ピンクのしっぽが埋め尽くすように咲けば、その華やぎは目にも鮮やか。

### 初夏に刈ると小さなお花畑に

庭にやってきて、ひと花咲かせてゆくと、次の年には小さな新芽がはしゃぐようにたんと出てくる。

迷惑雑草として抜かれることが多いものの、それは生えてほしくない場所に腰を下ろして広がるから。

**イヌタデ**

*Persicaria longiseta*

**性質**：1年生
**開花期**：6～10月
**分布**：全国
**生命力**：★★☆

移植して場所を変える、あるいは鉢植えやプランターで遊び半分の寄せ植えに使うと、意外なほど美しく映える。その際は、根から掘りあげて植えつける。日向から半日陰がイヌタデの好みに合い、花色の鮮やかさを愉しめる。乾燥と湿気については、あまりこだわらないので、場所選びはこちらの都合を優先してよい。

元気に育てば50cm以上になる。そのまま大きな花畑にしてもよいが、5～6月にかけて、5～10cmくらいに刈りこむと、そこから花穂を出す。とてもかわいらしい、小さなお花畑になり、地べたをピンク色に染める。こぼれダネで殖えるので、後の整理が面倒な場合は鉢植えで愉しんでみたい。

中型の種族で草丈は50cmほど。タネがこぼれて群落をこさえ、紅桃色の花畑となる。

初夏に刈りこむことでコンパクトなお花畑に。

秋に刈りこむと花色がいっそうビビッドになる。

# 生まれながらの花職人

## オヘビイチゴ

### 咲き誇るパステルカラー

その惜しげもなく咲き誇る姿が素晴らしい。野辺にはよく似た花が多いのだけれど、これほどまで見事なお花畑となるものは本種だけ。

そっくりなヘビイチゴより大きく育つことからオヘビイチゴ（雄蛇苺）の名がある。ヘビイチゴは真っ赤な丸いイチゴを実らせるが、オヘビイチゴは結実してもふくらまず、茶色いタネのカタマリをつける。

田んぼの周りやあぜ道、草地など、やや湿り気のある場所に好んで住みつき、うわーっと群れている。

草丈が10㎝くらいと低いのは、茎が地べたをはうように伸びるから。茎の下側につく葉は手のひら状に5つの小葉に分かれるが、上側のものはみっつに分かれる。

開花期になると、そこらじゅうから多くの花茎を立ちあげ、それぞれがたくさんの花を飾りつける。シーズンとなれば、目にも鮮やかなレモンイエローのお花畑になり、「ぜひ我が家でもお仕事を！」となる。

### 花職人の仕事場は

花期はパステル調の花で埋め尽くすけれど、それ以外のシーズンは、シャープなフォルムの葉が地べたを飾る。

**オヘビイチゴ**

*Potentilla anemonifolia*

**性質**：多年生
**開花期**：４～９月
**分布**：本州～九州
**生命力**：★☆☆

1年を通して葉を茂らせるが、地べたをはいまわるくらいで、栽培植物の邪魔をしない。冬から春にかけては、これまた美しい草紅葉《くさもみじ》となり、いつもの庭の風情が一変する。

採取が叶うなら、タネでもよいが、ハンドシャベルで根から掘り起こすのが確実。植えつけは陽あたりのよい場所が最高だけれど、半日陰でもいける。一方、カラカラに乾燥する場所は避けたい。

居場所に満足してくれた場合、茎の数を増やし、盛んに地べたをはうようになる。そうした茎の節から、小さな根を下ろし、子株をどんどことこさえてゆく。もしも殖えすぎたら、株元をつまんで間引きしたい。

そして迎えた次の春、いよいよ花職人のお花畑が。

おもに春から初夏にかけて、歌うようにたくさんの花を咲かせる。草丈が低いのも大きな魅力。

ひとつの花茎から多くの花を咲かせるのでボリューム感が出る。

茎葉は地べたをはうように広がってゆく。冬の草紅葉も色彩が艶やか。

# 小さな甘い花園を

## ニワゼキショウの仲間

### コンパクトで華やかで

まるでカラフルなキャンディーを振りまいたかのよう。晩春の道ばたを、洋菓子店のショーウィンドウみたいに甘い色彩で飾り立てるニワゼキショウの仲間。フォルムがとてもシンプルなので、飽きがこない美しさがある。そしてなによりサイズ感が素晴らしい。

草丈は30cmほどとコンパクトなものが多く、それにしては花数が多くて愛嬌たっぷり。新芽の姿もアヤメをミニミニにした感じで、スタイリッシュな剣状の葉を折り重ねながら扇形に広げてゆく。春の初めに、これがぽこぽこと並んで出てくる様子がまたエレガント。

陽あたりのよい場所が大好きで、こぼれダネで殖える。特に芝生地を好み、よく育ってくれる(芝生愛好家にとっては許しがたい暴挙であろう)。無断で庭に侵入することは少ないので、道ばたの群落から数株を根っこから採取するか、球形の結実を持ち帰ることになる。発芽率は極めて高い。

### 色と形の万華鏡

ニワゼキショウとその仲間は、バラエティーが豊富で、どの子もたいそう魅力的。

**ニワゼキショウ属**

*Sisyrinchium* spp.

**性質**：1年〜多年生

**開花期**：4〜6月

**分布**：全国

(北アメリカ原産)

**生命力**：★★☆

道ばたのお花畑を見ても、それぞれに個性的な違いがあるので、どの子を連れて帰るか、悩む。それがまた愉しい。幸運に恵まれた人はキバナニワゼキショウやルリニワゼキショウと出逢うだろう。普通のニワゼキショウよりさらにコンパクトながら、花の色彩美は飛び抜けてエレガント。

## 住まいの好み

大都会の乾燥した花壇から、郊外の湿り気のある場所でも育つことから、土質や水気にはおおらかで、栽培の手間もかからない。陽あたりのよいところを選んであげれば、大喜びで腰をすえてくれるだろう。

性質は多年生。つまり殖えすぎて整理が必要になった場合、根から掘りあげることでリセットできる。

ルリニワゼキショウ。やや大柄。

キバナニワゼキショウ。極めて小型。

ニワゼキショウの仲間の草丈は、30㎝ほど。球形のものが結実で、発芽率が極めてよい。こぼれダネのほか地下茎でも殖える。

# 大空を舞う優雅さ

## セリバヒエンソウ

### うるわしき飛燕の恵み

庭にやってくる小さな生き物たち、とりわけ植物の受粉を助ける仲間たちに、ちょっとしたお礼をしようと思ったら、この植物はうってつけかもしれない。

セリバヒエンソウ（芹葉飛燕草）は、葉の雰囲気がセリの葉を思わせ、花の姿が「飛翔するツバメ」に見立てられた。この名が表すように、全身がスタイリッシュ。

荒れ地や道ばた、ときに庭にもやってくる。関東から中部にかけて多く見られるが、生息地は常に拡大中。東海地方まで足を延ばしている。

その茎は、折り目も正しくすっくと立ちあがり、優美な切れこみのある葉を丁寧に茂らせてゆく。それだけでも観賞価値は高く、やがて咲かせるラベンダー色の花は気品に満ち、その造形はあたかも最高級の工芸美術品のよう。この奥には多くの花蜜が貯蔵されており、訪ねてくる生き物を心から歓待している。

### 美しき有毒の調べ

草丈は10〜40㎝ほどになるが、たいていは30㎝くらいで打ち止めになる。コンパクトで、立ち姿が乱れることもなく、庭を飾るのにとても都合がよい。

**セリバヒエンソウ**

*Delphinium anthriscifolium*

**性質**：１年生
**開花期**：３〜５月
**分布**：関東〜東海（中国原産）
**生命力**：★★☆

開花期のメインは春。とはいえ初夏まで咲き続けるほか、秋にも開花することがある。

庭に連れて帰れるなら、春の開花前に、根から掘り起こす。あるいは真夏に完熟したタネを採取してもよい。植えつけは、陽あたりのよいところ。それからの手入れは必要なく、乾燥にもよく耐える。

素焼きの鉢で育て、たくさん茂らせても見応えがあるし、寄せ植えでもよく映える。

ひとつ注意がある。取り扱うときは、革手袋などを着用したい。セリバヒエンソウは特殊なアルカロイドを生産する有毒植物。皮膚につく程度なら、多くの場合はなにも起こらぬが、革手袋ひとつで多くの災いから逃れられるのも確かである。

こぼれダネでよく殖えるが、暴れることはなく調整しやすい。手入れの際は革手袋の着用を。

どこから見ても流麗。「飛燕」とはいいえて妙。

葉の姿も繊細で優雅。

# キュートな色香

## ユウゲショウ

### 開花こそが生き甲斐で

20年ほど前、初めて見たときは園芸種だと思った。

あまりにも愛らしい紅桃色の花色だけでも心が躍る。そのうえ「カップ咲き」にめっぽう弱いファンにとって、これはたいした一撃になる。ユウゲショウたちは花を咲かせるのがよほど愉しいのか、全精力を注いで飽きることなく開花を続ける。

夜の帳がおりるころにお化粧（開花）を始めると考えられ、ユウゲショウ（夕化粧）と呼ばれたが、実際には朝からお化粧を愉しんでいる。

草丈が30～40㎝と小柄であることも魅惑的。葉の姿も独特で美しく、寒さにあたると濃いめのチークを入れたような化粧（紅葉）に変え、冬の庭に彩りを添える。

ユウゲショウを庭に招く場合は、株ごと掘りあげるかタネを採取。発芽率はよく、陽あたりがやたら強くて乾燥気味になる「ほかの園芸植物が苦手とする場所」にまいてもよい。たとえば、石や岩を配置したロックガーデンなどが好適地。

### お化粧も個性豊か

ユウゲショウたちは、それぞれの個性と趣味によってお化粧を変える。色彩の基本は紅が差した桃色。

**ユウゲショウ**

*Oenothera rosea*

**性質**：多年生
**開花期**：4～10月
**分布**：本州～沖縄
（南北アメリカ大陸原産）
**生命力**：★★★

その色彩の濃淡やグラデーションは株ごとに違ってくるからおもしろい。運がよい人なら白花のユウゲショウと出逢うだろう。純白の、清楚で可憐な様子にハッと心を奪われる。花がこぶりで、白のカップ咲き。ただそれだけでも植物好きの心を蕩《とろ》けさせるには十分にすぎる。

## キュートな暴走機関車

装飾花としてはとても優秀で、年4回ほど開花することも（真夏は除く）。栽培の手間もまるで必要ない。多年生であるため、整理をする場合は結実する前に根から掘りあげる。すでに広域で雑草化しているが、近隣で見かけない場合、外部からの持ちこみは避けたほうがよいだろう。繁殖力が強く、逃亡癖がある。

乾燥した道ばた、草地などで出逢う機会は多い。土質には細かい注文をつけぬが、陽あたりには強くこだわり、お化粧が映える明るい舞台で花開くことを切望する。

葉姿。エッジが効いた独特なフォルムが大変美しい。

ごくたまに出逢う白花。ひときわ美しい。

# 甘いクリームのささやき

## ザクロソウ

ザクロソウの魅力はまず、つぼみにある。甘いカスタード風の色彩が絶品で、これをぷりぷりぽこぽんと飾る様子は、思わずなでたくなる。花びらがぴらっと開けば、いっそう華やぎが増す。群落ともなれば、淡いクリーム色のお花畑となり、恋に浮かされたように心を奪われる。

結実の姿もキュート。先端がぽっくり割れて、なかにはルージュに輝く小さなタネが詰まっている。

### お付き合いしやすい

ザクロソウの草丈は10㎝くらいのものが多い。いくらか大きく育っても、30㎝までゆかない。

### 甘美なクリームのお花畑

とても小さな草なのに、その色香の〝甘さ〟が絶妙。

ザクロソウ（柘榴草）という名は、葉が樹木のザクロの葉に似ていることによる。鳥の太いツメを思わせる葉を、3～5枚ほどワンセットにして茎の周りに並べてゆく。全身に艶があって、そのせいか、小さなわりに存在感たっぷり。

庭や菜園によくやってくる種族で、あえなく除草されている。しかし、一度でも花や実を観賞したら、もしかすると「殖やしてみよう」という気になるかもしれない。

**ザクロソウ**

*Trigastrotheca stricta*

**性質**：1年生
**開花期**：7～10月
**分布**：本州～沖縄
**生命力**：★★☆

安定的なコンパクトさが魅力で、栽培植物の邪魔にならず、扱いやすい草花といえる。

近所の道ばたから丁寧に掘り起こして持ち帰るとよいが、なにかの隙間に生えたものを無理に引っこ抜くと、うまく定着しない。さすがに根を傷めると枯れてしまうのだ。

秋ごろ、ルージュに輝くタネをまくのがもっとも確実。

カラカラに乾く場所はもちろん、いつも湿っている場所でも元気よく育つ。ただ、陽あたりがよくないと、イジけてくじけて消えてしまう。

庭で、まとまって咲く姿もよいけれど、栽培種の合間に散らばっても悪くない。そこかしこからクリーム色したつぼみや花がささやいてくるようで、とてもかわいらしい。

小さな庭では背の低い「お花畑」が重宝する。ザクロソウはどの成長ステージもかわいい。

小さな花でも密集すれば華々しい色彩に。

ザクロソウの全身。コンパクトなフォルムと艶やかな質感が持ち味。

# いつも笑顔を

## トキワハゼ

### 踏まれても、蹴られても

トキワハゼ（常盤はぜ、常磐爆）とは、いつもどこかで顔を合わせているはずである。

常盤は、いつも変わらぬ様子をいい、この花がいつもどこかで愉しそうに咲いていることを表す。「はぜ」「爆」がつくのは、結実したタネが爆《は》ぜるようにばらまかれるから。その名の通り、道ばたや公園の草地で、ものの見事に飛び散り、愛らしい花をぽこぽこと咲かせている。

人通りの多い公園の草地で、ぺそぺそっと、こぢんまり。その小さな葉は、わたしたちの硬い靴底で幾度となく踏み抜かれ、痛ましいほど傷ついている。それでも甘いパステル調の花を、微笑むように咲かせる。とってもいじらしい。

花だけは、よく目立つサイズで、特にその甘い色香が魅惑的。ちょっとした群れになると、ささやかながらも可憐なお花畑になる。

小さなことで、広い世界を手中に収めた成功者だ。

### 小さな友人と笑ってみる

住宅地の周りに多く、庭や菜園にもよく住みついている。こぼれダネで殖えるが、爆ぜるといってもせいぜい50㎝の範囲に落下する。

**トキワハゼ**

*Mazus pumilus*

**性質：**1年生
**開花期：**2～11月（ほぼ通年）
**分布：**全国
**生命力：**★★★

　こうしたタネが靴底やネコの肉球の隙間に潜りこみ、庭に落ちるのだろう。なにしろ向こうは、一年中、いつもどこかで爆ぜている。

　草刈り鎌で手軽に除草できるが、一緒に暮らす、という奇抜で爽快な選択肢があってもよい。栽培植物の邪魔にならず、片隅の土地を分けてあげるだけ。広さの限られた庭には、そのコンパクトで愛嬌にあふれた花が、とてもフィットするはず。

　敷石のあたり、または物干し台の周りなど、土が固くなっている場所でも、トキワハゼたちは文句をいわない。あなたが歩く邪魔にもならず、たとえ踏まれてもよく耐える。やがて見事に、笑うようにひと花咲かせた日には、あなたも思わず笑みを浮かべてしまうのだ。

しゃがんで見ると、素晴らしい色香の花であることに気がつく。ぜひ一緒に遊んでみたい。

庭にレンガを敷いたら、隙間にタネをまいても愉しい。

葉姿。こうして「ぺそっ」と張りついている。

# 優雅なうなじの魅惑

## ウリクサ

### 好きな人は熱愛する

町を歩けば、どこでもいる。道ばたの側溝、歩道の敷石の隙間など、多くの植物たちが「ここではとても暮らしてゆけません……」という場所に好んで住みつく。

ウリクサ（瓜草）は、結実の姿がマクワウリ（メロンの一種で、その果実は細長い楕円形になる）によく似ているのでその名をもらった。

大自然の草原ではなく、人の暮らしに密着することを好み、なにかを建てたり耕したりすると、「ここはどんな感じかしら」と、気軽な下見感覚で生えてくる。

草丈は10cmにも満たず、花がない時期は地べたに張りついて茂っている。春を過ぎたころから、条件がそろえばそこらじゅうで開花する。

花びらの地色は甘いグレープ色で、そこにバニラをそっと溶かしたよう。この小さな花を、横から観賞したときの優美さたるや、ご婦人方の湯上りのうなじを思わせ、ただただもう、息を呑むほど妖艶。

### 日陰の庭を飾る

雑草の形を手っ取り早く覚えるなら、住宅地の側溝ほど適した博物館はない。なにしろ、植物が持つすべてのフォルムが丸出し。

ウリクサ

*Torenia crustacea*

**性質**：1年生

**開花期**：7～10月

**分布**：全国

**生命力**：★★☆

しょっちゅう挨拶しているうちに、庭でもパッと気がつくようになる。こんな本なぞうっちゃって、外に飛び出すほうが気分もいい。

さて、ウリクサも写真で見るとインパクトに欠けるが、側溝の世界ではよく目立つフォルムをしており、記憶に残りやすい。

ぺたっと地べたに張りつき、横に広がってゆく。とても小さな、けれども強固ななわばりをつくる。じくじくした陽あたりの悪い場所でも、ウリクサはご機嫌な様子。つまり庭の日陰で、装飾を兼ねた雑草除けとして、その採用を考えてみたい。

ただ、側溝から引っこ抜いたものは根が傷んで枯れやすい。やはりタネを採取したいが、たいてい、結実期にはすっかり忘れているのだ。

実際の大きさは「歩いていたら気がつかない」ほど小さな生き物。花が咲くと目立つようになる。

グレープとバニラの絶妙なバランス感が魅力。

日向に植えると葉の縁と葉脈に紅い色がのる。

# 大都会の影の者

## マメカミツレ、カラクサナズナ

### 洒落たハーブかと思ったら

華やかな暮らしに憧れるのか、都市部の繁華街や住宅密集地に好んで繁茂する。

マメカミツレ（豆カミツレ）の名は、西洋ハーブのカモミール（和名：カミツレ）に由来する。葉の姿だけを見ると、両者は本当によく似ているが、本種がコンパクトなので「豆」がついた。

人々は、花壇や庭で「あら、こんなところにカモミールが出てきたわ」と思い、香りのよいお花畑を夢見てそのままにする。やがて開花期を迎えたとき、初めて異変に気がついて「なに、これ……」とにらみつける。ひらべったい円盤のようなものをポコポコと飾り立て、「これがお花？」という感じの花である。

草刈りがやりづらい場所、やや放置された花壇などを拠点に、そこらじゅう、マット状に広がってゆく。そして日向でも日陰でも、元気よく花をつける。その様子がとてもユニークで、邪険にできない。

### 日陰者の成功

見た目がそっくりなものに、カラクサナズナ（唐草薺）がいる。性質もよく似ており、都会や住宅街の花壇、庭に好んで住みつく。

**マメカミツレ**

*Cotula australis*

**性質：**1年～越年生
**開花期：**ほぼ通年
**分布：**本州～九州
（オーストラリア原産）
**生命力：**★★☆

やがて開花期を迎えれば、花の姿がまるで違うので正体が知れる。

この両者は特殊な能力を持つ。大きな植物に覆われ、陽光をすっかり奪われても、まるで気にせず繁栄するのだ。つまりわたしたちの目につかぬ場所を拠点に、知らぬ間に殖えてゆくので、いまやあちこちの花壇や庭にまんまと忍びこんでいる。

除草はとても簡単で、すぐに抜ける。たとえ侵入・繁殖を許しても、わたしたちのクリーンアップ大作戦はいともたやすく勝利を収める。

いっそ、ちょっとしたアクセサリー感覚で育ててもよいくらいで、実際、これを愉しむ園芸家もいる。園芸カタログだけでなく、道ばたを探すだけでも、おもしろい草花はたくさん見つかるものである。

マメカミツレは、花壇や歩道の植えこみに潜み、民家にもやってくる。姿がユニークで遊び甲斐はある。

マメカミツレによく似ているカラクサナズナ。

カラクサナズナの花。

# 動きに侘び寂び

## ヤブタビラコ

### 元祖ホトケノザの姿

「春の七草」として愛されるホトケノザ。これが混乱を招いている。「ホトケノザ」が標準和名になっているのは、p.200でご紹介する種族。春の七草の〝ホトケノザ〟は、コオニタビラコ（小鬼田平子）のことで、七草がゆに使うのもこちら。

このコオニタビラコは、近年、見かける機会が減っており、間違えて摘む人が多いのが、ヤブタビラコ（藪田平子）。ちなみに、どちらも食用とされる。

ヤブタビラコは、市街地や住宅地でもよく見ることができ、特徴は、「葉の柄に毛を生やす」こと、「花茎を長く伸ばして、その先端に花を咲かせる」こと。

対して、コオニタビラコは、郊外の田んぼや山地の湿った場所に住み、花茎を高く立ちあげることなく、地べたに広げた葉のすぐ上で花を咲かせる。見分け方の一例を、左ページでご案内しておく。

### 動きのあるヤブタビラコ

山の周りや、自然が豊かな郊外では、コオニとヤブが同じ場所で暮らしている。一方、宅地化されて長い時間が経った場所では、ヤブタビラコが主流になっているのだ。

**ヤブタビラコ**

*Lapsanastrum humile*

**性質**：越年生

**開花期**：4～7月

**分布**：北海道～九州

**生命力**：★★★

道ばたや、壁面などによくへばりつき、綿毛を飛ばして庭や鉢植えにもやってくる。その姿があまりにも地味で、即刻、抜かれることが多い。

和風の庭園などに、ちょこんと座っていると、かなりかわいい。葉を地べたの上でそっと重ね合わせ、そこから茎を伸ばすのだけれど、ピンと立たず、たおやかに腰をくねらせる。茎から伸びる花茎もまた、さまようような様子で、その先に、とても小さなキク花を咲かす。

草丈は20～40cmほどだが、小さなものでは10cmくらい。とてもコンパクトで、動きにあふれ、どことなく侘び寂びがある。

湿り気があれば、日陰や半日陰でもよく育つ。除草や整理は簡単で、つまんで引っこ抜けばよい。

ヤブタビラコ。

ヤブタビラコの葉の柄には、目立つ毛が「ある」。

コオニタビラコ。

コオニタビラコの葉の柄には、目立つ毛が「ない」。

# 小さくても色艶たっぷり

## ツメクサの仲間

### ミニサイズの道ばたブーケ

人通りが多い場所なら、どこにでも生えてくる。敷石やレンガ敷きの隙間、側溝の割れ目などで、けな気に生き抜く植物である。

ツメクサ（爪草）は、ツヤツヤした細い葉が鳥のツメに見立てられた。草丈は数cmから10cmほど。ミニサイズだがツヤがあり、わしゃわしゃとよく茂るので目につきやすい。

ツメクサ、ハマツメクサ、イトツメクサなど、地域によって少しずつ違う種族が住んでおり、よく似ている。特にツメクサは、そのコンパクトな茂り方が愛らしく、やがて開花する花がまたかわいらしい。ぷりっとした、白い花びらには上品な艶を浮かべ、これがいかにも愉しそうに咲き乱れる姿と出逢えたら、なんともいえぬ幸福感に満たされる。

そんな開花を待つことなく、除草されることが多いのだけれど、一度は愛でてみてもよいだろう。

### 難点は「足元をすくう」

ツメクサたちは、靴底で踏みつぶされても耐え抜き、たくさんのタネをこぼしてよく殖える。「鉢植えに、ツメクサ畑をこさえてみよう」と思いついて、タネをたんとまいてみた。ほとんど発芽せず、頭をかく。

**ツメクサ**

*Sagina japonica*

**性質**：1年～越年生
**開花期**：3～7月
**分布**：全国
**生命力**：★★★

しかし庭の土にまくと「やあ、出た出た」となる。花壇の縁取りなどにして、遊んでみる価値はある。

注意すべきは、「通り道には決して生やさないこと」。もしも出てきたら、すみやかに除草したい。

過去、ツメクサに足元をすくわれたことは数知れず。雨の後、うっかりツメクサを踏むと、思いっきり滑る。荷物を持っていたら悲劇となり、ズッコケなくとも腰がグキッ。それほど見事な滑りっぷり。店舗や公共施設などでは、来園者の安全確保のため、ツメクサ対策が不可欠とされるほどである。

ツメクサは民間薬にもされてきたが、必要とされる量を採取するのがとにかく大変。近年は使用する人が激減した。

ハマツメクサ。名に「浜」がつくが内陸にも多く、見た目はツメクサとほぼ一緒。どちらも、元気に育つとそれは可憐な花畑に。庭の装飾花として愛育しても愉しい。

### 活用のヒント

**漢方・民間薬に**

漢方薬の世界では「漆姑草（しっこそう）」という。開花の時期に全草を採取する。漆かぶれに効くと知られてきた。生の葉をよく突きつぶし、そこにイトウリ（糸瓜）の葉をつぶして得た液汁を加え、最後に菜種油で調えて使う、という。むし歯の痛み止めや打撲の症状緩和にも活用された。ただ、ツメクサは小さな植物なので、必要量を集めるのは至難の業となるが……。

ツメクサ。こんもり茂ると大変かわいらしい。

# それは神聖な紫の星屑

## クマツヅラ

### 満開にならない魅力

古代ギリシャやエジプトの神殿では、もっとも神聖視されたハーブのひとつ。高位の神官・女官しか立ち入れぬ聖域で、神々に捧げられてきた。これが日本の野辺に生えている。

クマツヅラ（熊葛）というが、その名の由来は定かではない。いまでは「バーベイン」という英名のほうが一般的で、園芸店でもこの名で流通することが多い。

郊外や里山の、草むらや道ばたに住んでいる。都心や住宅地の路傍で見かけるのは、おそらく海外から持ちこまれたバーベインが野生化したもの。出身地が違うだけで種族は同じ（ただし、よく似たほかの園芸改良種も多く野生化している）。

草丈は30〜80㎝。美しい切れこみがある葉を茂らせ、そこからムチのように長くしなった花穂をたくさん伸ばすのが特徴。初夏から開花を始めるが、満開にはならず、常にちらほらと、紫の花を散らして咲かせる。それが魅力。はらはらと虚空を飾りつける様子が美しい。

### 花を散らし、株も散らす

採取が叶うなら、根から掘りあげる。探す手間を省くなら、園芸店や通販を利用するのがよいだろう。

クマツヅラ

*Verbena officinalis*

**性質**：多年生
**開花期**：６〜９月
**分布**：本州〜沖縄
**生命力**：★★☆

日向もしくは半日陰の、排水性がよい場所に植えると大変喜ぶ。生育中にやるべきことは、特にない。持ち前の生命力で、たいがいの問題はクリアーしてみせる。

調子が出てくると、たくさんの花穂を伸ばし、紫の星屑を散らすことに熱中する。ここに小さな実をつけ、それをこぼすと、越冬の支度に入ってゆく。

こぼれたタネは、よく発芽する。庭のそこかしこから新芽が芽吹いてくるほか、側溝にも飛び散り、庭の子たちよりもずいぶんと立派に育つこともある。

根を伸ばして子株もつくるので、数年で小さな群落に仕上がる。これはありがたい。整理が必要になったら、根から取り除けばよい。

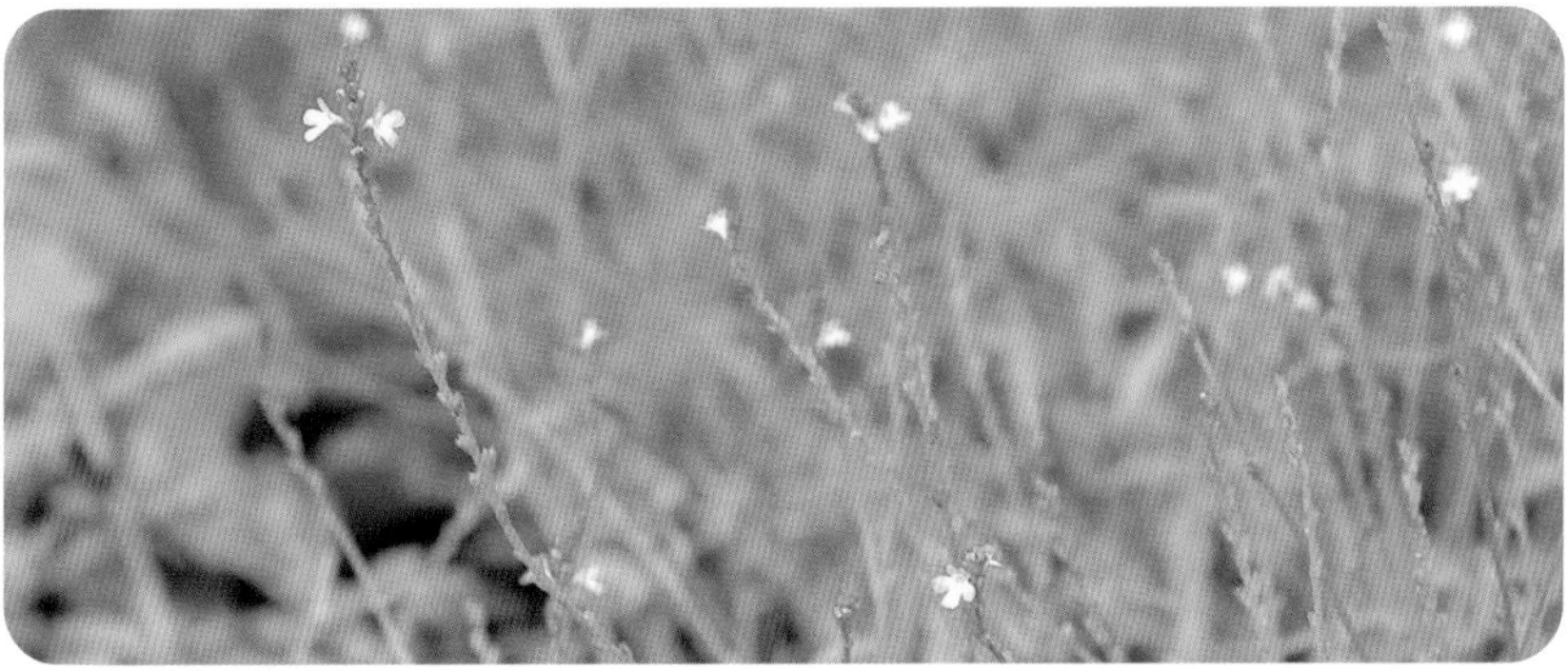

一見すると地味だが、華々しい歴史を持つ高貴な名薬草で、長く付き合うほどにその愛らしさが増してくる。

### 活用のヒント

**祭礼に**

医学・薬学分野はもちろん、儀式や呪術でも多用された。家庭ではそのまま飾って魔除けとすることも。

**民間薬に**

全草を乾燥させたものは、解熱、解毒、下痢の改善、通経などに用いられてきた。

**＊特記事項**

作用が強いため長期連続摂取は避ける。

大株に育つと威光も増して見応えも抜群に。

# 淡いピンクのランプシェード

## ヒメウズ

### 道ばたの愛らしいランプシェード

この花の立ち姿。そのすべてが優雅である。

ヒメウズ（姫烏頭）という変わった名前を持つ。「烏頭」はトリカブトの花や根（塊根《かいこん》）のこと。ヒメウズの立ち姿が、どことなくトリカブトを思わせ、そして小柄であるため「姫」が添えられたようだ。

山すその道ばたや草地にたくさん生えているが、大都市の雑木林や公園などでもたまに見かける。

草丈は10～30㎝と小柄。赤みを帯びた茎をなよなよと立ちあげ、小さなイチョウのような葉を、気の向くまま、まばらにつける。この葉、表面はやわらかな緑色で、裏はシックな赤紫色。その密かな洒落っ気も心憎い。

花の姿がなにしろ愛らしく、ごく控えめに、ちょんちょんと、うつむいて飾りつける様子がこよなく〝粋〟。ただでさえ、とても小さな花なのに、どの花も丁寧におじぎをするので、じっくり観賞したいのによく見えぬ。かなり焦らされるのだが、それがまたよい。

### どこにでも生えて映える

一見、いかにも打たれ弱そうだが、道ばたで繁殖する力強さはある。

**ヒメウズ**

*Semiaquilegia adoxoides*

**性質：**多年生
**開花期：**３～５月
**分布：**本州～九州
**生命力：**★☆☆

庭でも、日向から日陰まで、たいていの場所で生き抜いてくれる。もしもそこが気に入らなければ、タネをこぼして、さっさと近くの側溝や草地へと逃げ出す。これをまたつかまえればよい。

採取が叶うなら、ハンドシャベルで根から丁寧に掘り起こす。地下には１cmくらいに太った根があるはず。これを傷めることなく持ち帰る。

植えつけたものは、夏ごろにタネをつける。庭での発芽率はよく分からない。草むらでは群落となり、石垣やブロック壁の隙間にも住みついているので、発芽率はそれほど悪くないと思われる。

葉姿だけでも大変優雅で、和洋を問わず、どんな庭にも合うように育ってくれるだろう。

その佇まいは和洋を問わずとても美しく映える。一緒に暮らすと愉しさが増す生き物である。

顔立ちはこんな感じ。

葉の姿は侘び寂びとエレガンスが同居した風。

# 清楚な妖精は気難しい

## ノミノツヅリ

### 飽くことがない美

純白で、艶のある花びら。「ホワイトガーデン」に憧れ、お庭をたくさんの白い花で華やかに飾りたいと願う紳士淑女にはたまらない。

ノミノツヅリ（蚤の綴り）という、変わった名を持つ道草は、葉の姿から命名された。「綴り」とは、布切れを簡単に縫い合わせた粗末な衣装のこと。葉がとても小さな様子から「蚤」の綴りとなった。なんと素敵な命名であろうか。

春の田んぼ、あぜ道などで大きな群落をつくっているのだけれど、荒れ地、空き地、住宅地のコンクリートの割れ目などにもたくさんいる。当然、民家の庭にも忍びこむが、そういったケースは少なめ。

艶やかな、純白の花びらをサクラのようにパッと開き、星屑を散りばめたように咲き誇る。草丈は10～20cmほどが多く、全身がキュッとコンパクトにまとまっているのに、こよなく清楚な白花を贅沢に飾りつける姿が、もう絶品。

### 意外とこだわる性分で

小さくて、ぷりっとした白い花びらが、とにもかくにも愛らしい。田んぼや道ばたで群れる姿は、ただそれだけで可憐なブーケに映る。

ノミノツヅリ

*Arenaria serpyllifolia* var. *serpyllifolia*

**性質**：１年～越年生
**開花期**：３～７月
**分布**：全国
**生命力**：★★☆

陽あたり抜群の場所が大好きで、乾燥にもよく耐える（ただし高温になりやすい場所ではいっそう小型になる傾向がある。たとえば、ロックガーデンや敷石の合間など）。そのおおらかな性格にも愛すべきものがあるのだけれど、奇妙なこだわりも持っており、筆者のような雑草園芸家をひどく悩ませる。

いろいろな場所で、タネを採取してまく察した結果、その生態を観のが「もっとも確実である」と確信した。ところがどうだ。我が庭ではウンともスンともいわぬ。今度こそと、鉢植えにまく。完全黙秘を続けておる。アスファルトの割れ目でも咲くクセに、なにゆえ我が豊穣な庭で発芽せぬのか！　つまり、いまだ、どうしてよいのか分からない。

肥沃な畑地から乾燥する道ばたまで、ノミノツヅリはよく適応してたくさんの花を咲かせる。

気が赴くまま、自由奔放に茎を伸ばす。

葉姿も遊び心にあふれて愛らしい。

# あるいは豊かなノミの悦び

## ノミノフスマ

### ノミは身近なもの？

長くペットを飼っていないので、ノミやシラミとはずいぶん縁が遠くなった。近年、子どもたちの間では、しばしばシラミが問題になるけれど、ノミの話はあまり聞かない。

植物の名前に、ノミがつくものは結構ある。小さなものという意味であるが、身近に寄り添う種族、と理解してもよさそうに思える。

ノミノフスマは「蚤の衾」と書く。衾とは、平安時代から使われるようになった寝具の一種で、長方形に切った布地を掛け布団として利用したもの。やがてそれに襟や袖をつけて着用するようになった。つまりノミノフスマの葉が、「ノミの寝具ほど小さい」という意味。

これまた小さな白い花を咲かせるが、ひとつの花びらがふたつに分かれているのが特徴である。ここだけ見るとハコベの花（次項）とそっくりだが、本種は葉がとてもちっこいので区別がつく。

### 小さな華やぎ

ノミノフスマの葉姿は、ざっくりとした雰囲気が、ノミノツヅリ（前項）とよく似ている。見慣れたら、同じノミの名がつく葉姿でも、フスマのほうが大きいことが分かる。

**ノミノフスマ**

*Stellaria uliginosa* var. *undulata*

**性質**：越年生

**開花期**：4～10月

**分布**：全国

**生命力**：★☆☆

ツヅリ（綴り）は衣服で、フスマ（衾）は寝具であるから、やはり大きめになるのだろう。

さらなる違いは、花のボリューム感。花びらが分裂するだけで、こんなに印象が変わるのかというほど、華やぎが増すからおもしろい。

ノミノツヅリたちが「乾燥にもよく耐える」のに対して、ノミノフスマは水気が大好き。乾燥を苦手とするが、陽あたり必須という、なかなか面倒な性格をしている。

タネを採って、そんな場所にまく。いささか苦労を伴うだけあり、見事な白いブーケとなれば、わきあがる愛情もひとしお。

「雑草にも手間をかける」という奇特な紳士淑女には、ぜひともお勧めしたい諸行無常の悦びである。

ノミノフスマたちの、その清楚な華やぎに心も潤う。陽あたりのよい湿った場所が大好き。

花の姿。実際はとても小さい。

葉の姿。若芽の姿も元気いっぱいで愛らしい。

# 土を耕す我らが仲間

## ハコベ

### 精力家は慈愛に満ちて

ハコベ（繁縷）の名の由来は、よく分からない。漢字表記もいくつかあり、一般的に使われる「繁縷」は中国名で、その意味は「とてもよく繁る（茂る）草で、茎のなかに糸状のものがある」となる。

草丈は30㎝ほど。茎を八方に出して、幅広く茂る。ネズミの耳みたいな、やや大きめの葉をたくさんつけるのが特徴のひとつ。

花の時期が見分けやすい。花びらは艶のある乳白色で、5枚つける。ハコベはノミノフスマ（前項）と同じく、素晴らしいアイデアを思いついたようで、ひとつの花びらをV字に裂くことで10枚に見せた。花のボリューム感がぐっとあがり、花を訪れる昆虫たちへ強くアピールする。花数も多く、一年中、昆虫たちにご馳走している。

### 仕事を依頼する

園芸初心者が真っ先に覚える、「抜くべき雑草」のひとつがハコベである。生命力が絶大で、繁殖力も壮大なので、嫌われがち。庭はもとより、鉢植えにも住みつき、狭い場所で態度もでっかく茎葉を広げられたら、誰だって指先がわなわなと震えてくる。

**ハコベ**
**（ミドリハコベ）**
*Stellaria neglecta*

**性質**：越年生
**開花期**：3～11月
（ほぼ通年）
**分布**：全国
**生命力**：★★★

その一方、ハコベには、とても微笑ましい、大切な営みがある。精力的に生産・蓄積した栄養分を、土壌に戻してゆくのだ。

ハコベが篤志家だから、というわけではない。土壌環境を、自分の都合がよいように整えているだけ。それが結局、多くの微生物たちを喜ばせ、ほかの植物の根も恩恵にあずかることになる。ハコベの真意はともかく、恵みの多い植物であるため、冬の間や、なにかを植える前に、ハコベに「土を耕しておいて」と依頼するのはよいアイデアだ。

庭の空いた場所、あるいは土を入れただけのプランターなどにハコベのタネをまいてみる。殖えすぎて困る場合は、開花前に根元から抜く。これだけで大丈夫。

ミドリハコベの群落。雄しべの数が「8本以上」ならミドリハコベ。郊外や里山に多い。

### 活用のヒント

**食用に**

「はこべら」として春の七草のひとつに数えられる。ミネラル分が豊富。やわらかい部分を採取し、塩ゆでしてから、おかゆ、炒め物、卵とじに。

**民間薬に**

古くから女性の不調を整えるとして、浄血、催乳目的で利用されてきた。胃腸炎、歯肉炎、むくみをおさえるには全草を乾燥させたものをお茶にして服用。

よく似たコハコベは雄しべの数が「7本以下」。都市部や耕作地ではこちらが多い。

# おいしいピンクの蝶花

## カラスノエンドウ

### 舞い踊る蝶花たち

おいしい道草としてその名を馳せ、日本はもちろんヨーロッパでも、古より食用ハーブとして愛される。

カラスノエンドウは、烏野豌豆と書く。「烏」は完熟した豆のサヤが真っ黒になることに由来し、「豌豆」もマメの雰囲気がエンドウ豆を思わせ、野に生える豌豆ということで「野豌豆」になった。

近年、標準和名をヤハズエンドウとし、別名をカラスノエンドウと記す図鑑が増えたが、いまのところ別名のほうで広く親しまれているため、ここでもそうした。

春、細長く伸びた小さな葉を、とてもお行儀よく並べてゆく。その姿がとても涼しげで、やがて咲く花も、丸っこいピンク色で愛嬌たっぷり。これをちらほらと散らして咲かせる姿は、小さなチョウチョが野辺を舞うよう。花の季節は結構長い。

夏の前には、真っ黒に染まった豆のサヤがパチンと爆ぜる。秋には、その子たちが元気よく芽吹く。

### 生い茂る姿も涼やかで

カラスノエンドウはソラマメの仲間であるが、彼らのように大きな葉を持たない。草丈が低く、全体的に繊細で、やわらかな雰囲気が魅力的。

ヤハズエンドウ
（カラスノエンドウ）

*Vicia sativa* subsp. *nigra* var. *nigra*

**性質**：越年生
**開花期**：３～６月
**分布**：本州～沖縄
**生命力**：★★☆

果樹園などでは、雑草除けの下草として、あるいは土壌をよくする役割を期待して、大いに茂らせる。放っておくと仲間で愉快に群れてゆく性質があり、うまく仕立てると、大変涼しげにこんもりと茂る。

ただ、巻きひげを伸ばし、近くのものにしがみつくので、栽培植物たちが迷惑そうな顔をするかもしれない。それを避けたい場合は、鉢植えで育てる道を選びたい。

庭に招くには、根から掘りあげるか、完熟したタネを採る。お勧めはタネで、夏に採ったものは秋になると発芽する。新芽の姿も愛らしい。

殖えすぎたときは、株元をつまんで間引けばよい。リセットも、同じ要領で簡単にできる。お付き合いもしやすい、おいしい植物である。

敷地の隅でも道ばたでも、旺盛に生えてくる。うまく仕立てるとこんもりと茂って美しい。

### 活用のヒント

**食用に**

この茎葉には、ソラマメっぽい風味がある。やわらかな部分を選んで採取したら、よく洗い、そのままサラダに散らすか、軽く塩ゆでしてお浸し、和え物、炒め物で。ピンクの花もサラダに散らすと華やぎが増して食欲も増す。若い緑色のマメのサヤも、そのまま塩ゆでしたらサヤエンドウのように愉しめる。マメだけ採り、炊きこみご飯の具にも。

春先にやわらかい茎を伸ばして葉を茂らせ、ピンクの花をつける。この部分がおいしい。

# マメを愛する人へ

## スズメノエンドウ

### 好きな人にはたまらない

筆者を含め、「小さな植物マニア」というのは案外いるようだ。そんな方にお勧めしたい子である。

スズメノエンドウ（雀野豌豆）は、カラスノエンドウと比べて、すべてが小さい。とりわけ花のマメマメしさたるや、「ぷぷっ」と笑いがこぼれるほど。

虫を誘う花なのだから、目立ってこそと思うのだが、どうやら彼女たちは別のアイデアを思いついたらしい。ひとつひとつの花はミニでも、たくさんの花を固めてつけ、「広告塔」にした。これが効果的であったらしく、

夏には驚くほどたくさんのマメをつける。これがまた、たまらなく愛らしい。

あの極小の花からは、想像ができぬほど立派なマメをぶら下げるが、なかにあるのは、たいがい2粒ぽっち。これをあちらこちらにたんと飾りつける姿が、スズメノエンドウの真骨頂。最大の魅力である。

### スズメっぽくする

スズメノエンドウは草地によくいるが、宅地にもたくさんいる。道ばたで実った、黒く熟したマメを採取して、陽がよくあたる場所にまいてみたい。

スズメノエンドウ
*Vicia hirsuta*

**性質**：1年〜越年生
**開花期**：4〜6月
**分布**：本州〜沖縄
**生命力**：★★☆

芽吹きはその秋か、あるいは初春ごろになる。葉は確かに小さいが、全身はカラスノエンドウと遜色ないボリュームになることも。小さく育てたいなら、一度、半分くらいに刈りこむとよい。こぼれダネでも大いに殖えるので、しばしば間引きを。

## 花にこだわりたい人へ

小さな植物は好きだけれど、花色にもう少し色気を求める人には、近縁種のカスマグサをご紹介したい。スズメノエンドウよりもひとまわりほど大きいが、とても華奢。

ぽつぽつと咲かせるマメマメしい花は、ずっと色気に満ちて美しい。河川敷や草地に住むので探してみたい。これもマメを採取して、陽あたりがよい場所にまく。

草の“スズメ”も群れるのが大好きで、寄り添うように茂る姿がとても愉しい。

スズメノエンドウのマメ。ひとつのサヤにマメは2粒ぽっち。

カスマグサ。全身の雰囲気はスズメノエンドウと似た感じ。マメはひとつのサヤに4～5個。

# 目にも甘いグレープのじゅうたん

## ナヨクサフジ

### 目を奪うお花畑

ふと視界に入れば、目を奪われる華麗なお花畑。河川敷や道路わきをグレープ色で埋め尽くしている。

ナヨクサフジ（弱草藤）は、ヨーロッパからやってきた種族。日本にはクサフジ（草藤）が住んでおり、それに比べると華奢で弱弱しく見えるのでその名がついた。

市街地の緑化植物、家畜のエサ、土にすきこむと栽培種の養分になる緑肥として広められたが、やがて人の手からまんまと逃れ、野生の暮らしに道を求めるようになった。

葉の姿はカラスノエンドウ（前々項）と似るが、葉の数が多く、全身も大きめで、ボリューム感たっぷり。

ひとつの花穂に数十もの小花を並べ、この華麗な花穂をたくさん伸ばし、豪華絢爛と咲き誇る。ひと株だけでも見応え十分なのに、たいてい集まって暮らすので、あたり一面、見ているだけで口のなかが甘くなるグレープ色に敷きつめられる。これが園芸種でないことに驚くほど、壮麗なお花畑を披露してみせるのだ。

### ナヨナヨ、してない

カラスノエンドウでは「華やぎが、ちょっと物足りない」という方には、本種も選択肢のひとつとなろう。

**ナヨクサフジ**

*Vicia villosa* subsp. *varia*

**性質**：1年～越年生
**開花期**：4～7月
**分布**：北海道～九州
（ヨーロッパ原産）
**生命力**：★★★

名前にナヨ（弱）とあるけれど、大きく育てば1mくらいになる。背の低いお花畑にするなら、好みのサイズに刈りこむとよい。うまく仕上がれば、甘く美しい花園になる。

こぼれダネでよく殖えるので、様子を見ながら間引いて整える。大きく育ちすぎたら、株元を握って引っ張れば、軽快にズボッと抜ける。

野外での採取は、やはりマメの持ち帰りがお勧め。株によって、花色に濃淡がある。ごくまれに、淡いピンクの花を咲かせるものが出現するが、ひときわキュート。ぜひ花色を見て、お好みのものを。

陽あたりのよい場所にまけば、文句をいわず腰をすえる。夏にまいたマメは、うまくすると、秋に芽吹くだろう（翌春まで眠るマメもある）。

放任すると殖えてしまうけれど調整は簡単。鉢植えで、寄せ植えなどにしても見栄えは抜群。

花色のバリエーションが豊か。こちらは色が濃いもの。

薄い色の花もある。散歩の途中でお好みの子を選ぶのも愉しいひととき。

# 可憐な薬用ハーブ

## ノビル

### なにかと可憐でおいしい薬草

庭やプランターで、新鮮なハーブを採る、というアイデアは、暮らしをずっと愉しいものにする。

ノビル（野蒜）という名は、食欲をそそる風味に由来する。蒜《ヒル》は、ニンニクやネギのように刺激的な香りを持つ植物の総称で、「野に育つ蒜」でノビルになった。

道ばた、草地、畑地などに、ごく普通にいるが、葉が細い線状なので目立たない。たまに身を寄せ合って大きな群落になっていると、わしゃわしゃと茂る様子が乱れ髪のようで、これは大変よく目立つ。

ノビルには白い球根（鱗茎）があり、市販のエシャロットと同じように、生のまま味噌をつけて食べる。爽快な歯ざわりと刺激的な香味にあふれ、食欲を増幅する。地上の葉も、アサツキと同じように、彩りと香味を添える万能の薬味になる。

### シンプルさがありがたい

花は大変美しい。星形に開く乳白色の花びらに、アメジストの色彩が上品に溶けこむのがたまらない。

ノビルの姿はとてもシンプル。庭でバラけて生えてもおもしろいし、こぢんまりと集まっても美しい。

**ノビル**

*Allium macrostemon*

**性質**：多年生
**開花期**：5～6月
**分布**：北海道～九州
**生命力**：★★☆

採取が叶うなら、地下の鱗茎を持ち帰るのが確実。この白い球根状のものは、意外と深く潜っている。ハンドシャベルを使うとストレスなく掘り起こすことができる。

それが面倒なときは、花の時期に「むかご」を採る。花穂に、茶色い結実のように見えるそれを、庭やプランターにまく。むかごのなかでも、花穂のところで「すでに発芽」しているものを選べば、ほぼ間違いなく定着する。

ノビルは、日向や日陰、乾燥や湿気を気にせずに育つ。あまりにも気に食わないときだけ、消える。

うまく育ったものは薬用になることも。葉と鱗茎は強壮作用や鎮静作用のほか、肩こりの緩和、生理痛の緩和などに利用されてきた。

小さな庭や菜園で育てるのにうってつけ。手間をかけずとも可憐な花を咲かせてくれる。

鱗茎の姿。菜園で育てるとこの数倍に太る。

むかご。発芽しているむかごを植えればまず間違いなく、すくすく育つ。

# 愛らしいミネラル貯蔵庫

## スベリヒユ

### 栽培されるグルメな雑草

そのツヤツヤした姿がユニークで、覚えやすい。スベリヒユ（滑り莧）という名の由来には諸説ある。

まず「莧」というのは、別の植物につけられた名前で、若い茎葉が食用にされ、栽培されるもの。

「滑り」は、「全体がツルツルしているから」とか「これを踏むと足を滑らせるから」などといわれる。実際に踏んでみたところ、ちょっとだけ滑るかも……？　そんな具合で、あまり滑らない。

特徴は、丸っこく、肉厚の葉。水気もたっぷりで触るとツルツルしている。陽あたりのよい市街地や庭先で、茎を四方八方に広げており、とてもよく目立つ。

午前中だけ、甘いレモン色の愛らしい花を咲かせる。花つきがよいものは、たいそう美しい姿となる。

日本ではむかしから食用とされ、初夏になると夏バテ予防に食べるご家庭が少なくない。ヨーロッパでは野菜として栽培され、料理店やご家庭で広く愛用されている。

### 栄養を回収する

真夏の強烈な陽ざしを浴びながら、艶やかな美肌を維持できるのは、スベリヒユが食いしん坊だから。

**スベリヒユ**

*Portulaca oleracea*

**性質**：1年生
**開花期**：6～10月
**分布**：全国
**生命力**：★★☆

土に含まれる水分と栄養を、手あたり次第に吸収して体にためこむ。つまり、たくさん殖えると栽培植物の取り分が減って弱るため、耕作地では早めに駆除される。

一方、庭や菜園で、点々と茂ってもまるで問題にならない。なぜなら栽培初心者の方は、堆肥《たいひ》などの肥料をちょっと多めに使いがち。「スベリヒユが余分な肥料を吸収して、調整役になってくれるのだ」と大目に見てあげるくらいがちょうどいい。なにしろスベリヒユが集めた栄養分を、あなたの体で回収するという手があるのだ。

枝を切り、鉢植えに挿して殖やすか、タネを採取して、陽あたりのよい場所にまくとよい。根の張り方はとても浅いので、除草も簡単。

劣悪な環境でも生き抜くが、豊かな環境で育ったものほど美味になる。挿し芽でも殖やせる。

### 活用のヒント

**食用に**

やわらかい先端部を採取。よく洗ったらひとつまみの重曹で軽くゆで、水にさらす。お浸し、辛子しょうゆ和え、炒め物などに。ヌメリがあり、クセはなく、食べやすい。ソーメンの具として愉しまれることも。

**民間薬に**

傷や毒虫刺されによく利用され、抗菌、消炎、毒消し作用が期待されてきた。

スベリヒユのタネ。タネもツヤツヤである。

# 蠱惑的なシルバーリーフ

## ハハコグサ

### 神妙な色彩の魔術

わたしたちの遊び心が試される、素晴らしい草花である。

ハハコグサは、母子草と書かれるが、「見た感じ、どこが母子なのか」と悩んだものである。

もとは違う呼び名だった。開花後、花がぼさぼさになる様子（ほほける）からホウコグサと呼ばれていた。それがいつの間にかハハコグサと発音されるようになって、漢字をあてた……。このように解説される。

奈良時代、中国の書物が間違って記載した「母子草」を、日本の学者が素直に信じて採用した、という流れも影響している。

庭や菜園では迷惑雑草としておなじみだが、この葉のふわふわした幸せな触感と、そのシルバーがかったライトグリーンの色彩の妖艶さは、世界でも珍しい。ここに鮮やかなレモン色の小花を点燈させると、これぞ植物の魔法といったコントラスト。心からため息がもれる。「株立ち」も、整えるまでもなくシンメトリックになるのだ。なんてよい子！

### あらためて共に、友に

この、もこもこした美しい植物は、大都市だろうが山村であろうが、どこにでもいる。

**ハハコグサ**

*Pseudognaphalium affine*

**性質**：1年～越年生
**開花期**：4～6月、10～12月
**分布**：全国
**生命力**：★★★

庭や菜園にもやってきて、たいてい、いてほしくないところに生えてくるので、あえなく除草されてきた。

しかし、素焼きの鉢で寄せ植えにしたり、ほかの場所に移動させたりして、様子を見てみよう。次第にそのふわふわしたシルバーリーフの色彩に心惹かれ、「あなた、こんなに美しかったのね」と目が覚める。これからは、きっと仲良く暮らせる。

## むかしからの活用法も

民間薬としての横顔もあり、咳止め、去痰、利尿に、全草を乾燥させたものがお茶にされる。春の七草のひとつとしてはおなじみ。春の草餅も、むかしはハハコグサでつくられた。クセがまるでなく、みずみずしい草餅に仕上がるのである。

農耕地や菜園では除草されるが、調整と活用方法を知れば、とても仲良く暮らしてゆける。

ハハコグサの全身。徹頭徹尾、優しくやわらか。

食用の旬の姿。愛らしさのあまり採取をためらうほど。

# ハハがあってこそのチチ

## チチコグサ

### とても控えめなチチ

渋い風情が好きな人――「大きな声ではいえないが、小さな陶器の鉢植えで、盆栽か山野草を愉しんでみたい」と密かに目論んでいる方――に、チチコグサをご紹介したい。

父子草と書くが、見た目はどこも父子ではない。おもむき深い由来はまるで見あたらず、ただ単にハハコグサ（母子草、前項）の存在ありきの、まさに取ってつけただけの名のようだ。父親など、家庭でもたいがい〝そんな存在〟であるからして、いたしかたない。

大都会から山村にいたるまで、明るい草地に根を下ろしている。組織化した集団生活を好むが、環境により、社会的距離をあけてパラパラと散らかる個人事業主も多い。草丈が10～20cmと小柄で、その姿も地味で華奢。その存在を知らなければ、決して気がつくことがない。

全身はシルバーがかったミントグリーンで、ひょろりとおっ立てた茎の上に、小さな花穂をぽてん。地味。

### 不思議なチチの世界へ

ハハコグサが豊満な肢体となるのに、チチは痩せこけたような体つき。それでも、仕事にはこだわりがあるようだ。

**チチコグサ**

*Gnaphalium japonicum*

**性質**：多年生
**開花期**：5～10月
**分布**：全国
**生命力**：★☆☆

無駄のないシンプルなデザインを追究しつつ、美しいシルバーグリーンの体を演出することを忘れない。これがひときわ渋い。

きれいな放射状になるよう、地べたに葉を集め、そこからひょろっと茎を伸ばす姿も、強い風にも折れない高さで成長を止める。つまり、全体のバランスが取れ、鉢植えで観賞するのに文句なし、なのである。

繁殖は、タネのほか、地べたをはう茎を伸ばして子株をこさえる。群落になることもあるが、集まる株数がとても少ない。どこかヒトの男社会にも似て、親近感がわく。

採取が叶うなら、根から掘りあげると確実。鉢植えをお勧めしたが、周りに茎を伸ばす習性があり、地面に植えたほうがご機嫌になる。

ハハコグサよりシルバーな色彩。立ち姿もほっそりとして繊細。そこが秀逸。

チチらしい素っ気なくも機能的な花穂。

大群落になることは少ない。むしろ園芸家としてチチの大群落を創り出せたら素晴らしい。

# 小さな丸傘の防草マット

## チドメグサの仲間

### かわいい防草マット

ツヤツヤした、小さくて、丸っこい葉が特徴。チドメグサ（血止草）は、その葉が止血薬になる。

市街地の隙間から自然豊かな山地まで、いろいろな場所に住む。山地では、茎をのびやかに伸ばしているけれど、市街では、狭い隙間でこぢんまりと茂っていることが多い。

身近には、この仲間がたくさん住んでいる。どれもこれもが本当によく似ているので、その見分け方につき、植物研究家の誰もが幾度もつまずき、へこたれた経験を持つ。

いずれの種族も生命力が強く、地べたにしっかりぺったり張りつき、愛らしい丸い傘をたくさん広げ、ほかの雑草を寄せつけない。自然界の、愛らしい防草マットである。

最大の魅力は花。しかしどういうわけか葉の下で、隠すように開花するので、観賞するのに苦労する。もしも花を愉しみたいなら、オオチドメを探したい。

### 小さなコンペイトウ祭り

オオチドメは、葉が大きめになる種族であるが、こぶりなものもよくいる。葉姿であると、区別するのに知識が必要だが、初夏に歩けばすぐに分かる。

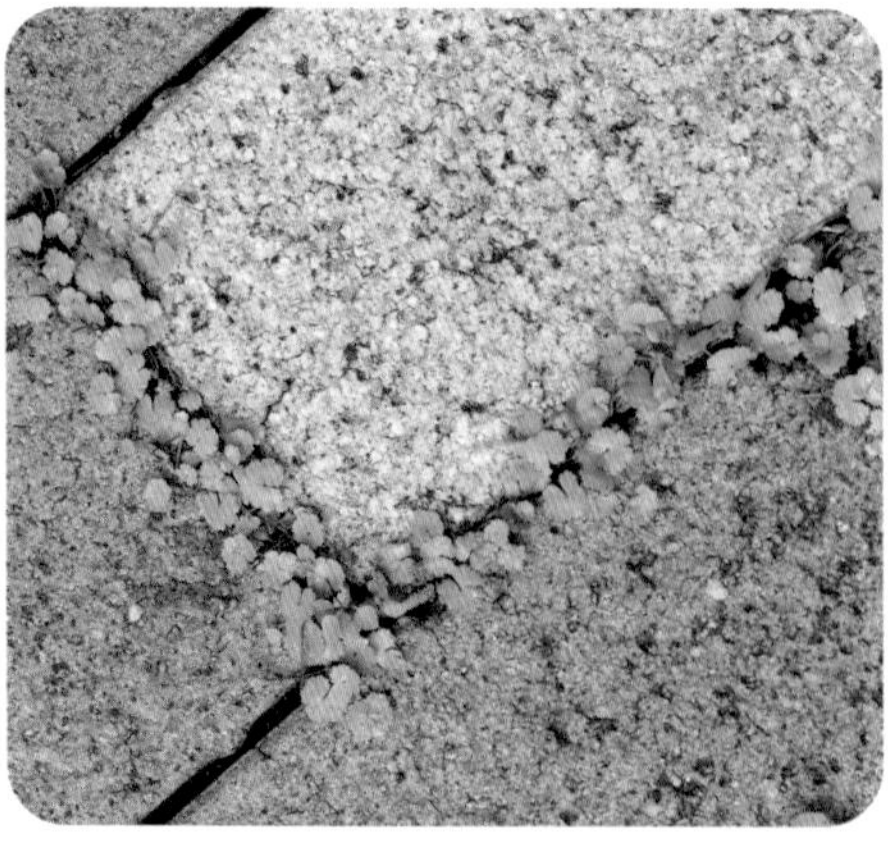

**チドメグサ**

*Hydrocotyle sibthorpioides*

**性質**：多年生
**開花期**：4 ～ 10 月
**分布**：全国
**生命力**：★★☆

花期を迎えたオオチドメたちは、葉よりも高いところに、くす玉みたいな花穂をポンポンと咲かせる。小花は淡い緑のコンペイトウみたいで、10～30個も集まり、たいそうかわいい。緑色なので目立たぬが、ひとたび目が慣れると、花穂がポコポコと立ちあがっている様子が浮かびあがり、思わず頬がゆるむ。

オオチドメをはじめ、この仲間の性質は、タネで殖えるほか、地べたをはいまわる茎から根を下ろし、子株をこさえ、マット状に広がる。

やや湿り気のある場所を好み、陽あたりも大好きだが、日陰でも育つ。家の北面など、じくじくしたエリアで、防草マットとしての活躍を期待してみるのは悪くない。間引きは指先で。ペリペリ剥がして整える。

チドメグサは、名前こそ血生臭いけれど、その姿は愛らしい。庭の隙間を飾るにはうってつけの種族。

### 活用のヒント

**食用に**

セリのような風味があり、よく洗ってからサラダ、お浸し、薬味などに。普通はチドメグサを使うが、ほかの仲間も同じような芳香がある。風味は環境によって変化。

**民間薬に**

生の葉をよく揉んで、その液汁を傷口に塗って、止血薬とした。

オオチドメ。花穂が目立つので極めて美しい。

# 庭園のささやかな愉悦

## イヌナズナ

穂に濃いイエローの花を咲かせるが、これがまた遠慮がちなほど小さく、花の数も控えめ。それでも色彩はとても鮮やかに映る。

この花の下に、ナズナみたいな結実をつんつんと並べる。ナズナの結実は三味線のバチに似るが、こちらはスプーン状。すべてがミニサイズで、色彩やデザインも愛くるしく、楚々とした佇まいに魅了される。

### 〝潜める〟愉しみ

庭に植えられる植物は、大柄なものが多い。そこに小柄な植物を飾ってみるという発想は、庭の世界に大きな動きを生み出す。

### 愛らしいちびっこ雑草

草むらや道ばたで、ぴょこんと咲く。繊細な、とても小さな植物で、花と実が大変愛らしい。

イヌナズナ（犬薺）は、ナズナ（p.144）に似ているけれど、役に立たないのでイヌがついた。ただ、ナズナとの血縁関係は結構離れている。

草刈りがよく入る草地、公園、未舗装の道などで見かけることが多い。大きさは10cmほど。やせっぽっちのちび雑草だが、よほど育ちがよいのだろう、礼儀正しく、いつも背筋をピンと伸ばして立っている。

開花のシーズンには、てっぺんの花

**イヌナズナ**

*Draba nemorosa*

**性質**：越年生

**開花期**：3～6月、10～12月

**分布**：北海道～九州

**生命力**：★☆☆

これまでご紹介した小型雑草のほか、イヌナズナにも、通路の手前や、株の間でちょんちょんと花を咲かせてもらえば、ずいぶん愉しい空間に仕上がってくる。もっといえば、どこに植えたのかを忘れてしまい、翌春、小さな驚きをもって愉しめたら最高である。

イヌナズナたちは、花を咲かせ、タネをまくと、その生涯を閉じる。

庭へ招くには、花の時期に、もう少し咲き続けそうな元気な株を選び、根から掘りあげて移植する。そしてそのまま、タネを落としてくれるのを待つ。あるいは野外でタネだけを採取し、まいてもよい。乾燥には強く、日陰がやや苦手。よく陽のあたる場所で育てれば、どれほど愛らしいかを実感できる。

これほどまで群れているケースは滅多にない。庭で実現できたら相当の技量といえよう。

花穂のボリュームは、環境の豊かさで変わる。

葉はふわふわした毛に覆われ、たまに紅色のお化粧も。

# 想像を超えた幻惑的な魅力

## シロイヌナズナ

### 見た者が少ない有名植物

植物学やDNA関連の本では、決まって登場するシロイヌナズナ。専門書の写真では、地味で「ひょろっとした植物」でしかない。初めて野生種を見たとき、あまりの美しさに大声を張りあげた。平日の午前中、住宅地のど真ん中で、である。

陽あたりのよい、草地や住宅地に、雑草として生えている。生息地はおもに沿岸部。とても小さな植物で、草丈は10～20㎝ほど。恐ろしいほど華奢で地味だが、そこにうなる。

沿岸部に多いといったが、栽培は簡単。どこでも育つ。

注目すべきは、その立ち姿と色彩の妙である。シルバーがかった渋い色の葉を、地面にぺっそりと寝かせ、その中心からろくろ首みたいな花茎をひょろんと1本、立ちあげる。全身の雰囲気が、古びた金属管を思わせ、やや退廃的な幻想世界の雰囲気を醸し出す。一本立ちもよいが、群落はより幻惑的な魅力を放つ。

### 自分が愉しむ隠しアイテム

インターネットで画像を検索すると、茎や葉の色が緑色のものが多い。実際には、ワイン色が差す、あるいはシルバーグレーっぽいことも多く、地域ごとに変化がある。

**シロイヌナズナ**

*Arabidopsis thaliana*

**性質**：越年生

**開花期**：4～6月

**分布**：北海道～九州

**生命力**：★☆☆

庭では、シロイヌナズナも「コンパクトな装飾植物」となり、植栽の合間に混ぜたり隠したりして、密かに愉しめる。ニワゼキショウ（p.26）のように華やかなコンパクト種を採用するか、あるいは地味だが「味わい深い風情」を珍重するかは、あなたのセンスと腕の見せどころ。

さて、ご自宅に連れて帰るなら、初夏の結実期にタネを採るとよい。これをまけば、秋には発芽する。小さな葉を伸ばしたところで成長は止まり、厳しい冬をその姿で乗り切ってゆく。これがまた美麗。

こぼれダネで殖えるが、経験上、整理が必要になるほど殖えてくれない。ひとまず、シロイヌナズナの愛育を熱く推奨する書籍は、たぶん、ほかにない。

そこはかとなく寂寥感を漂わせるシンプルな芸術性が魅力。派手な植物に飽きた人にお勧め。

花が“少ない”という美しさを教えてくれる。

葉の色彩にも絶妙なセンスを凝らす。

# かわいさと華やぎと

## タネツケバナの仲間

### 初心者向けなのに「難解」

タネツケバナは、草むしりの初心者が覚える雑草のひとつ。それくらい、どこにでも顔を出す。

名前の由来は稲作文化にある。早春、イネの発芽を促すため、コメを水に漬ける作業が始まる。この花が咲くのを合図に始めればよい、として種漬花になった。

みなさんの身近には、地域ごとに違うタネツケバナが住んでいる。およそ20種類ほどもいて、見分けるのは本当に大変。しかし分かりやすい顔もいる。それがミチタネツケバナ。

見分け方はシンプルで、特徴は葉姿にある。道ばたや鉢植えのなかで、きれいなドーナツ形にこんもりと茂っていたら、ミチタネツケバナ。直径は10㎝ほどとコンパクトで、身なりにはこだわりがあり、いつもキチンと丸くなる。中心からピンと花茎を伸ばして白い小花を咲かせるが、その茎、その葉を、シックなダークレッドに染め、大人なお洒落な装いに。育てても相当かわいい。

### 郊外の美麗種

ミチタネツケバナは、乾燥しやすい庭や鉢植えに好んで育つが、やや湿り気が多い庭では、タチタネツケバナで美しく飾るのも愉しい。

ミチタネツケバナ

*Cardamine hirsuta*

**性質**：越年生

**開花期**：２～５月

**分布**：全国

（ヨーロッパ原産）

**生命力**：★★★

このタチタネツケバナは、その名の通り、茎を広げて立ちあげる種族。茎の数も多く、葉も大きくてボリューム感がある。そして、なんといっても、葉のグラデーションの美しさがたまらない。

淡いパープル・レッドでコーデした草姿に、清楚な白い花を、これまた贅沢にたくさん咲かせる。春先の野辺で、まずはこの優美な佇まいを観賞して、庭のどこに植えたら「映えるかしら」と思案してみたい。

タネを採取したら、お好みの場所にまく。殖えすぎたり、生えてほしくない場所から出てきたりしたら、開花する前に、株元をつまんで引っこ抜く。根は中心部さえ取っておけば復活しない（細い根が土に残るくらいなら大丈夫）。

ミチタネツケバナは近年、大いに殖えている外来種であるが、コンパクトな立ち姿には愛嬌がある。駆除も簡単。

ミチタネツケバナの基本形。ドーナツ形。

日本在来のタチタネツケバナ。色彩が妖艶。

# ぽこぽこわくブルーサファイア

## オオイヌノフグリ

### 澄み渡る美しさ

〝青い花〟。ただそれだけでも珍しく、多くの人がその希少な色彩に心惹かれる。

オオイヌノフグリ（大犬の陰嚢）の名は、結実の姿がイヌの陰嚢を思わせることによる。日本には、とても小さなピンクの花を咲かせるイヌノフグリが住んでいて、花がそれよりも大きいので大犬になった。

草丈は10㎝くらいと小型ながら、愛らしい丸顔の小花を、それは贅沢に咲かせてみせる。目にも鮮やかなその色彩は、宝石のブルーサファイアのようで、花びらの中心に向かうストライプ模様もこ洒落ている。

この色彩、株ごとに違っていて、淡いアクアマリン系が多い。ごくまれに、ローズ系の花が見つかる。これが大変かわいらしく、出逢えた人は幸いである。畑地の近くでは、白花の株も見つかる。トラクターに踏まれたり、農薬の影響を受けたりしてそうなると考えられているが、原因はよく分かっていない。

### 雑草除け用雑草

庭や菜園に、いつの間にか勝手に住みつくタイプで、土質はあまりこだわらず、陽がよくあたる場所ならそれはうれしそうに生えてくる。

**オオイヌノフグリ**

*Veronica persica*

**性質**：越年生
**開花期**：ほぼ通年
（夏を除く）
**分布**：全国
（ヨーロッパ原産）
**生命力**：★★★

タネをまくか、株を掘り起こして持ち帰れば、見事に定着する。元気な子なら、小さな葉をモコモコと茂らせ、愛らしくこんもりしてくる。

こうしてひとたび居場所を確保すると、そこにほかの雑草は生えてこない。雑草除けにも効果的なのだ。

## 開花期も長い

3～5月が開花の最盛期であるが、秋・冬にも開花する。

葉姿で越冬することが多く、強い霜にあたり、雪が降り積もっても、いじらしく耐えてみせる。そして少しでも気温が高い日が続くと、すかさず開花し、油断なく結実する。タネがこぼれてぽこぽこと殖えてくる。ときどき間引いて、きれいに仕立ててみたい。

オオイヌノフグリとヒメオドリコソウ（p.130）の競演で、庭先に“春の祝宴”を描いてみたい。

オオイヌノフグリの全身の雰囲気。

イヌノフグリ。花色はピンクでとても小さい。

# 小さな街路樹

## タチイヌノフグリ

てっぺんに密集させた小さな葉の合間に、花を隠すように咲かせる。極小ながら、愛嬌たっぷりな丸顔で、あっちにちょん、こっちでもちょん、と咲いている。

気にする人はあまりいないが、花色は、濃い青紫、淡い青、ピンク、ホワイトなど、株によって違う。好みの株のタネを採り、鉢植えや庭にまくのはなかなか愉しい仕事である。

### 妖精の通り道に

ミニサイズの草で、ピンと直立して「場所を取らない」というのは、小さな庭の主として、とてもありがたい。

### ミニサイズの色香

どこからともなく現れて、庭や鉢植えで呑気に日光浴。筆者もよくむしっている雑草のひとつだが、お付き合いのスタイルによっては、愛らしいオーナメントになる。

タチイヌノフグリ(立ち犬の陰嚢)は、その名の通り、背筋も正しく直立するフグリの一族。

道ばた、庭、耕作地によく出没して、しばしばミニサイズの樹林帯のように群れている。葉も小さく、花はさらにこぶり。たとえ満開になっても、多くの人は開花していることすら気がつかない。

**タチイヌノフグリ**

*Veronica arvensis*

**性質**：1年生
**開花期**：4～5月
**分布**：全国
(ヨーロッパ原産)
**生命力**：★★★

自分で密かに愛でるべく、タチイヌノフグリと遊んでみるのは悪くない。地べたにタネをまくなら、肥料や水やりは不要。鉢植えにまくなら水やりは必要だが、カラカラになったらたっぷりあげるだけでよい。

花が極小サイズのわりに、ほとんどが結実する。成熟して割れた実からは、ひらべったいタネが風をうけ、少しだけ飛んでゆく。たいてい、親株の足元あたりにポロリとこぼれる。次の年も、だいたい同じ場所からツンツンと新芽を出してくる。

殖えたところで除草は簡単。草刈り鎌の先っぽで、土の表面を削るように動かせば一網打尽である。

庭の一角に細長い通り道をつくり、その両側にタネをまき、街路樹仕立てにして遊ぶ。ちょっと愉しい。

ミニサイズの樹木みたいな立ち姿が愉しい。うまくアレンジしてみたい。

発色が淡く、白っぽくなる株もある。

ピンクの花。これを混ぜればとてもかわいくなる。

# 遊び心をそそられて

## カラスビシャク

### 奇天烈で魔訶不思議

ちょっとした遊び心で庭を飾ってみるなら、この植物がちょっとおもしろい。

カラスビシャク（烏柄杓）は、花穂の姿がひしゃくを思わせ、その一部が黒くなる様子からついた。

そのあまりにも突飛なデザインにより、とてもよく目立つはずなのだが、草むらにいると、忍びの者みたいに見事なあんばいで気配を消す。すぐそこにいても、多くの人はまったく気づくことがない。

葉のフォルムも、ぷりっとして豊満。その表面に浮かべた葉脈のデザインがひときわ優美。お洒落である。

花茎は地面から立ちあがり、その先っぽに、ヘビが鎌首をもたげたような、実に奇天烈《きてれつ》な花穂をのせる。そのてっぺんから、ヘビが舌先をチロチロとやるような細長いムチみたいなものを伸ばす。この役割については、研究者の間で議論されるが、結論を見ない。ユニークすぎて、手のつけどころが分からないのだ。

### 陽あたりと栄養が大好き

道ばたや草地ではよく見かけるもので、庭や菜園にもやってくる。広い庭園や農耕地では、しばしば面倒な雑草として嫌われる。

**カラスビシャク**

*Pinellia ternata*

**性質**：多年生
**開花期**：5～8月
**分布**：全国
**生命力**：★☆☆

けれども小さな庭やミニ菜園なら、明確な悪影響はなさそうである。一緒に暮らしてみようと思ったら、根から掘り起こすのが確実。地下10㎝あたりに、白くて小さな玉っころがくっついている。球茎《きゅうけい》といい、これを庭に植えてもよいし、小さな素焼きの鉢に3個くらいをまとめて入れてみてもかわいいだろう。

陽あたりがよく、有機堆肥の含まれた土地を選んでやると、ご機嫌になる。元気に育てば、葉の中心部に、小さな白いむかごをつける。これを採取して土に埋めても発芽する。

整理が必要なときは、手で簡単に引っこ抜ける。このとき地面のなかで球茎がポロリと剥がれ、まんまと逃げることがある。抜いた根に球茎があることを確認したい。

葉もユニークで愛らしさにあふれている。

簡単に採取するなら葉の合間にあるむかごを狙う。これを埋めれば発芽する。

ヘビの舌先のような部分より下に、雄花と雌花が隠されている。

# 道ばたの珊瑚礁

## トウダイグサ

### 園芸種もなんのその

　この植物が、どんな苦労も惜しむことなく、創りあげる花の細工ときたら、称賛を贈らずにはいられない。色彩の、こよなく淡いグラデーションも、たまらなく優美。

　トウダイグサ（燈台草）の名は、花の姿に由来する。むかしは小さなお皿に油を注ぎ、そこに横たえた芯に火をつけて灯りにした。これを燈明というが、花の姿が油を入れるお皿（燈台）に見立てられた。

　その花（杯状《はいじょう》花序《かじょ》）は大きく、ひとつひとつが幼児の握りこぶしくらいある。大きな株では10花くらいを贅沢に広げるので、まるで地上に現出した珊瑚礁《さんごしょう》。そこらへんの園芸種では相手にならぬほど、高い芸術性にあふれる。

　全身が緑色から黄緑色という、色彩としてはとても地味な配色に思える。けれども立ち姿からして奇抜で、さらに花色に溶けるグラデーションとコントラストが絶妙な華やぎを演出し、その魅力をいかんなく倍加させる。難点があるとすれば、その〝気まぐれ〟な性格である。

### 徹頭徹尾、気分屋で

　欲しいと思って探したら、どこにもいない……。これが現実である。

**トウダイグサ**

*Euphorbia helioscopia*

**性質**：越年生
**開花期**：4～6月
**分布**：本州～沖縄
**生命力**：★☆☆

劣悪な大都会の国道沿いにも住んでおり、庭や家の周りにも生えてくるのだけれど、まるで見ない空白地帯が多い。とんだ気まぐれなアーティストで、その発生は局所的。しかも忽然と失踪する。

庭に招く場合は、タネが完熟した花穂をそのまま持ち帰るとよい。陽あたりのよい、排水性がよさそうな場所にパラパラとまいて、春を愉しみに待つ。気温が高くなると、気が向けば芽吹き、あなたのお庭をエレガントに飾り立てる。そして夏の前には、いさぎよくその生涯を閉じ、タネを残して消える。そして気が向けば、翌春もポコッと顔を出す。

手入れには革手袋を着用する。茎葉を傷つけると白い乳液を出し、皮膚につくと炎症の恐れがある。

トウダイグサがいるだけで、春の景色と空気がその輝きを増し、華やいでゆく。

群落に仕立てれば珊瑚礁のようになる。

葉の姿。形から色彩まですべてが極めて独創的。

# 色気づくコミカン

## コミカンソウ、ナガエコミカンソウ

### 女性に人気の愛嬌者

コミカンソウを見たことがない女性に紹介すると、たいてい「かわいい!」と声があがる。

葉の姿は、オジギソウやネムノキみたいな感じ。卵形の葉を中軸に沿って、キャタピラみたいにきれいに並べる。花と実は、まるで隠すかのように軸の下側にずらりと、お行儀よく整列させてぶら下げる。

やがてできる結実が、ミカンのようなかわいいフォルムなのでコミカンソウ(小蜜柑草)と命名された。

結実したコミカンは、成熟につれて紅くなる。その様子が「もうたまらなくかわいい!」と根強い人気がある。亜熱帯風の姿が印象的で、茎葉の色彩もアダルトな渋みを帯び、とてもスタイリッシュ。晩秋の紅葉した姿もさながら赤珊瑚のような美しさ。栽培も至極簡単。

難点があるとすれば、こぼれダネで殖えすぎるところ。

庭に招いた場合は、数株を残し、結実の前に引っこ抜く。それでどうにかバランスが取れる。

### ナガエコミカンソウの進撃

コミカンソウと見た目はそっくりなのに、花と実を「葉の上」に転がすようにつける種族が殖えている。

コミカンソウ

*Phyllanthus lepidocarpus*

**性質**:1年生
**開花期**:7〜10月
**分布**:本州〜沖縄
**生命力**:★★★

これは、ナガエコミカンソウ（長柄小蜜柑草）。観賞価値については、個人的な感覚でいうと、こちらのほうがずっと愛らしく、優雅である。ただ、世間では「侵略的な外来種」として毛嫌いされているため、「この生き物は大変愛らしいのであります！」と擁護しにくい。実際、草地や民家の近くで見かける多くが、ナガエコミカンソウとなっている。

## 腰の据わりが抜群で

両者とも、見た目は小柄だけれど、根の張り方が強烈。固く締まった土に根を張ると、引っこ抜くのはひと苦労。そうした庭で殖えると苦行を強いられるが、やわらかな土なら簡単に抜ける。こぼれダネでやたらと殖えるのには、どうかご留意を。

コミカンソウは、愛らしくて、どこかコケティッシュな雰囲気もある。遊び甲斐はあるが、殖えすぎにご注意を。

冬に紅葉したコミカンソウ。赤珊瑚みたいな風情が抜群。

ナガエコミカンソウ。花や果実に長い柄がある。

# 無駄のない建築美

## カヤツリグサ

### 地味さゆえの華やぎ

この仲間は、茎の断面が三角形になるものが多い。茎を両端からそれぞれふたつに裂くと、真ん中に四角ができる。その部分が蚊帳に見立てられてカヤツリグサ（蚊帳吊草）になった、という。この説に「いまひとつ納得しかねる」と思われるかもしれない。実は、みんな、そうなのです。

さて、ヒトがどこかを耕せば、カヤツリグサはきっと、必ず、やってくる。この仲間たちの〝姿〟は、とても洗練されている。なんというシンプルな体だろう。華美な装飾をすべて削り、そのあげく、ほとんどの構造が骨組みだけになってしまった（ただ、花穂をルーペや顕微鏡で見ると、なかなか手がこんでいる）。

その姿から、「わたしは決して多くを望みません」という厳然たる決意が伝わるよう。このカヤツリグサが林立する姿は、まさに自然界の建築アートのそれ。

### あまりに〝爽快〟

知り合いの農家たちに聞いても、カヤツリグサは敵視されておらず、ただ「作業の邪魔になるとき、抜く」という。ちなみに、園芸家のなかで、筆者のように草むしりが好きなタイプは、カヤツリグサに目がない。

**カヤツリグサ**

*Cyperus microiria*

**性質：**1年生
**開花期：**7～10月
**分布：**本州～九州
**生命力：**★★☆

普段、手間がかかる連中を相手にしていると、カヤツリグサは最高の気分転換になる。株元を握って引っ張るだけで、爽快な手応え。きれいサッパリ抜けるのが本当に気分がいい。いくらでも抜ける。農家に聞くと、やはり同じであった。手慰みに抜くのだ。

大いに繁殖すると、栽培植物にも悪影響が出るようだが、小さな庭やミニ菜園では、そこまで茂ることがない。タネで殖えるので、ちょっとした空白地や、枯れてしまった鉢植えなどにまいてみると愉しい。芽出しや葉姿もシャープで、次第に優雅な曲線を描くように伸びる。

少しまとまりがある感じで仕立てると、なかなか雰囲気のあるグラスガーデンに。

無駄のない洗練された佇まいが美しい。

多彩な植物に囲まれるほど「その造形美」が際立つ。主役にも名わき役にもなれる。

花穂は時の経過により色の鮮やかさが変化する。

# 牧歌的なオーナメント

## ムギクサ

### 繊細で、ダイナミック

いろいろなムギを育ててきたけれど、ムギの花穂はいつもわたしたちの心に不思議な感覚を呼び起こす。祖先からの記憶なのであろうか。

ムギクサ（麦草）は、とりわけ愛らしいムギである。オオムギの仲間で、ムギクサという名も「オオムギによく似ている」ことに由来する。

道ばたや、耕作地の周りで見かけることが多いが、線路わきでも愉しそうに群れていることがあり、住まいへのこだわりはあまりなさそうだ。どこでも元気に生きてゆく。

草丈は30㎝ほど。コンパクトな体ながら、花穂だけは立派で、頭でっかちの姿がちょっとコミカル。

生き生きとしたグリーンの葉に、淡い黄緑色の花穂をドンと飾る。そのコントラストが本当に優雅で流麗。花穂のつくりも、計算されたような繊細さとダイナミックさにあふれている。それでいて、牧歌的でほんわりとしており、観る者の心をなごませるなにかがある。

### 愉しみ方は遊び心次第

草丈が低い、というのが、わたしたちの遊び心に火をつけてくれる。庭や菜園なら、通路側にタネをまいて、思いっきり茂らせてみたい。

**ムギクサ**

*Hordeum murinum*

**性質**：1年～越年生
**開花期**：5～8月
**分布**：本州～沖縄
（ヨーロッパほか原産）
**生命力**：★☆☆

栄養条件がよければ、50cmくらいまで育つこともあるようだ。それを計算して、栽培植物とのバランスを見ながら配置するとよい。

あるいは、お洒落な素焼きの鉢に（少し大きめのものがよい）、ムギクサたちに思う存分、茂ってもらう。ただそれだけで、抜群に存在感があるオーナメントになるだろう。

さらに素晴らしいのは、枯れたときの姿だ。淡い枯草色となった花穂が、やわらかな陽光をはらめば、不思議な輝きに満ち、時の流れをたゆたうような感覚を味わう。

庭に招くには、根から掘り起こして植えつける。夏や秋なら、カラカラに乾いた花穂を摘んで、お好みの場所にまくとよい。そして翌春までわくわくして待つ。

小さな菜園のそばで群れるムギクサ。ふわふわして美しく、枯れたときも郷愁を誘う佇まいがたまらない。

ムギクサの花穂。

オオムギ（六条大麦）の花穂。雰囲気は近い。

# おめでた迷惑

## オニドコロ

### とてもめでたい

おいしいヤマノイモ（自然薯）とそっくりで、よく間違えられている。食べると腹痛、嘔吐、下痢でのたうちまわるが、実は、とてもおめでたい植物でもある。

オニドコロ（鬼野老）は、地下を走りまわる根（塊茎《かいけい》）をぽってりと太らせている。ここからたくさんの白いひげ根を生やすが、その様子が「白ひげの老人」を思わせたようだ。そこで、野に生える老人で「野老」になった。「鬼」は姿が大きいという意味。

白ひげが生えるのは「長寿」を連想させ、「これは大変おめでたい」ということになる。年の初めに、一族の長寿と繁栄を祈願すべく、オニドコロの根を、歳神様をお迎えする神聖な祭壇に飾るようになった。

ところが現代では、庭木やフェンスなどに絡みつき、大株になると、あたりを覆い尽くしてしまうので、厄介な雑草として嫌われる。お引き取りを願うときも、コツがいる。

### 吉兆と暮らしてみる？

どこからともなくやってくるので、よく分からぬまま、根元から刈る人が多いであろう。しかし、これでは再生してくる。

**オニドコロ**

*Dioscorea tokoro*

**性質**：つる性の多年生
**開花期**：7～8月
**分布**：北海道～九州
**生命力**：★★☆

小さければつまんで抜く。すでに大きくなっていたら、大きなシャベルが必要。地下30cmかそれ以上に太い根が寝そべっている。横に長く、あるいは円弧を描いて伸びており、これをきれいに掘りあげれば安心。

オニドコロにはオスとメスがあり、オス株であったらひと株くらい育ててもよいだろう。夏に咲く花の姿といったら、さながら華やかに流れ落ちる花の滝。メス株も愛嬌のある花を咲かせるが、やや地味で、しかもタネをつけるのでちょっと厄介。花が咲くまでオス・メスは分からぬので、夏まで様子を見てもいい。

おめでたい植物であるから、我が庭に来たのも「なにかの吉兆」と思うべきか……。一緒に暮らしてみるのも、庭仕事の一興であろう。

葉の形は幅が広いハート形になる（若い葉は細長いハート形）。道ばたのヤブに多く庭にも来る。

オス株の花。花穂が細長く伸びて美しい。

メス株の花。花の下にある部分がタネになる。

# ロックなポンポン

## ヒメツルソバ

### いつもどこかで桃色ポンポン

〝ひと花咲かせる〟。生涯を懸けて、ただそれだけに突き進む、驚くべき植物である。ヒメツルソバ（姫蔓蕎麦）は、その姿が日本産のツルソバ（沿岸部に多い）に似ており、小柄なので「姫」がついた。

いまも園芸植物として売られるほど人気がある。なにしろ面倒をみなくても健やかに育ち、美しくも渋好みする葉色が、庭の和風・洋風を問わずマッチする。

とりわけ全国の園芸家を喜ばせたのは「花つき」であった。淡い桃色のポンポンを、絶え間なく、盛んに咲かせる。草丈は10cmにも満たぬのに、花のシーズンとなれば、目をみはるほどの桃色ポンポン畑と化す。

ヒメツルソバの開花期は、ほぼ一年中。花が少ない冬期でもポンポンを咲かせるので、ファンはほくほく顔。こうして全国で愛され、こぼれたタネが広がってゆき、まんまと野生化に成功する。草地ではなく、市街地に住みつくことを好む〝都会派雑草〟として。

### 永遠の反抗期

ヒメツルソバを、園芸店ではなく、道ばたから連れて帰るなら、少し長めの茎を数本ほど採取する。

**ヒメツルソバ**

*Persicaria capitata*

**性質**：多年生
**開花期**：ほぼ通年
**分布**：全国
（ヒマラヤ地方ほか原産）
**生命力**：★★☆

生えている場所の多くが壁面、コンクリの割れ目、岩の隙間であるため、根を掘り起こすのは、ちょっとむずかしい。そこで茎を採る。

成長力がもっとも旺盛な春から初夏が最適。なかの土を湿らせたポットか、水を入れたコップに挿しておき、根が出てきたら土に植える。生命力は底抜けなほど抜群。成功率は高い。

ただ、ふかふかに耕した庭に植えても、数年と経たぬうちに消える。

ふと家の周りを見たら、側溝の割れ目にデンと腰をすえていた。豊饒な土地にいたときより、ずっと元気にたくさんの花を咲かせておる。住まいの好みがロック（岩場）なら、性格も「安定」より「冒険」を好むロックぶり。

花壇を支配したヒメツルソバ。ほかの園芸種は追いやられて肩身が狭そう。それほど殖える。

春から初夏は特に花数が多い時期。

こうしたロックな隙間が大好き。

# 海蘭の豪華絢爛

## ツタバウンラン

### あふれるフルーツ・パフェ

お店で販売される園芸種であるが、近年、庭からとめどなくあふれ出し、すっかり野生化している。

ツタバウンラン（蔦葉海蘭）の名は、葉のフォルムがツタの葉と似ており、花の姿がウンランと似ることによる。

とても人気がある園芸種で、ツタに似た葉は、とてもまめまめしく、ぷりっとして丸っこく、葉姿だけでも非常に愛らしい。

これが開花すると、全身をもってして、甘いブーケのように咲き乱れる。花色は、淡いグレープを基調に、バニラとレモンがうまく溶け合う。小さなフルーツ・パフェのような甘美さにあふれ、その一角だけ、まるで別世界のように華やぐ。

いまでは市街地や住宅地のブロック塀、側溝、駐車場など、さまざまな都市空間に逃げ出して、道ばたをキュートに飾り立てることに熱中している。欲しくなったら、近所へ散歩に出かければよい。

### ひと癖あるのは確かです

ツタバウンランは、こぼれダネで殖える。どこかで採取する場合は、タネを採ってもよい。タネまきは5月、10月が適期。

ツタバウンラン

*Cymbalaria muralis*

**性質**：つる性の多年生
**開花期**：5～10月
**分布**：北海道～九州
**生命力**：★★☆

あるいは、花をつけていない、元気がよさそうな「つる先」を見つけて、5～10㎝ほどの長さで切る。これを数本持ち帰り、ひと晩、水を入れたコップなどに挿しておく。翌日、土を入れたポットなどに優しく挿す（ポットに、あらかじめよく湿らせた土を半分ほど入れて、つる先全体がやや斜めになるよう指で固定しつつ、優しく土をかけてゆく。つるの切断面をできるだけ傷つけぬようにするのがポイント）。

成功すると、見事なほどよく殖えるので、たまに整理する必要はある。つる性の植物で、壁面につかまって「よじ登る」よりも「垂れ下がる」、あるは地べたを「はいまわる」のを好むので、これを意識して手入れをすれば美しく整ってゆく。

庭の隙間や、ちょっと寂しい場所にタネをまくと愛らしく飾りつけてくれる。

なぜか隙間を好んでよく殖える。

たまに大胆な生きざまを披露する子も。

# 飛んで地に入るタネ

## ハゼラン

### 気ままな放浪者

わたしたちの庭に、突然やってくる種族のひとつ。

ハゼラン（爆蘭）の名は、結実が割れてタネが飛び散る様子が「爆ぜる」と表現された。「蘭」とつくが、ランの仲間ではない。とても美しい花を咲かせる植物には、しばしばランの2文字が添えられる。

各地で園芸植物として愛されてきた。メンテナンス・フリーなのに、見応えがあるので人気がある。

ピンクの小花を、ちらほらと咲かせるのだが、まばらであるのに不思議とよく目立つ。開花期が長く、やがて実る紅い結実がまたかわいい。さながらお祭り飾りのように、ぽこぽこと散らしてつける姿は、開花期よりも華やぎにあふれ、庭の一角を大いに賑わせてくれる。

我が家では、突然やってきて、数年後に挨拶もなく消える。これをずっと繰り返し、生える場所も、毎回違う。根っからの勝手気ままな居候である。殖えすぎても困るので、いつもひと株だけ残して抜く。

### ものの見事によく爆ぜる

庭に植えても鉢植えにしても、見栄えのするハゼランではあるけれど、好き嫌いが分かれる。

**ハゼラン**

*Talinum paniculatum*

**性質**：1年生
**開花期**：8～10月
**分布**：関東以西
（熱帯アメリカ原産）
**生命力**：★☆☆

ハゼランの葉は、黄緑っぽくてツヤツヤ。楕円形の大きな葉を、地べたの上で放射状に広げてゆく姿が、「艶があってよい」という人があり、「いや、暑苦しい」と眉根を寄せる人もあり。わたしは後者である。

この葉姿が特徴的なので、比較的探しやすい。市街地や住宅地なら、出逢う確率はとても高い。特に秋の結実期は、非常に目立つ。結実を採取して、陽あたりがよい場所にまいてみる。芽吹きは翌春となろう。

こぼれダネで殖えるので、お引き取り願う場合は、開花前にハンドシャベルで根から掘り起こす。すべてを抜くと翌年は出てこない。栽培を続けるなら、いくつかの株にタネをつけさせ、こぼれさせる。多すぎた分を整理すればよい。

ハゼランの葉姿はツヤツヤして肉厚。宅地の側溝や歩道の隙間などに好んで住みつく。

### 活用のヒント

**食用に**

原産地などでは、この葉が食用とされ、野菜のように栽培もされる。日本では新芽や若葉を採取して、塩ゆでしてからお浸し、炒め物などで愉しまれる。

**民間薬に**

海外では薬用植物としても利用される。中国では虚脱症状の改善、しつこい咳をおさえたいときに、この根を採り、甘味などを加えたお茶にして服用するようだ。

出身地が熱帯のせいか花色も情熱的。

# 気まぐれな〝花の塔〟

## ウスベニアオイ、ゼニアオイ

### 一級の花職人

とにかく仕事熱心な植物で、春から初夏に多くの花を咲かせるが、秋にもまた返り咲く。

江戸時代に、薬用植物として連れてこられたウスベニアオイ（薄紅葵）の名は、その葉姿がアオイ（葵）の葉に似て、花色が赤みの差した紫色であることに由来する。

ちなみに、ハーブの世界では、コモンマロウという名で知られる。乾燥させた花がハーブティーなどとして愉しまれている。

草丈は1mから大人の背丈ほどで、葉を大きく広げ、大株になる。濃厚なグレープ色の花を、全身いっぱいに飾りつける姿は、壮麗な〝花の塔〟。手間をかけずとも、美しく立ちあがり、やがて見事な満開を迎え、冬も勝手に越冬する。わたしたちにとっては、ありがたい存在である。

むかしは苗が欲しくて遠くまで買いに出かけたものだが、いまでは住宅地の道ばた、草地などに逃げ出していて、散歩の途中で手に入るようになった。

### 本当に気まぐれ屋

こぼれダネで広がるので、うまく出逢えたらタネを採り、ポットや庭にまきたい。

ウスベニアオイ

*Malva sylvestris*

**性質：**越年生、多年生

**開花期：**4～10月

**分布：**全国

**生命力：**★☆☆

タネの姿は皮を剥いたミカンのようで、これを崩してまくのだが、発芽率にはバラつきがある。そこで採取のときは、黒っぽく完熟したものを選ぶ。保険として、多めに採ることをお勧めする。

環境が気に入ると、何年にもわたって咲き続けるが、突如、消える。ひどい場合は1年で沈黙。

これはよくあることなので、肩を落とさず、久しぶりに愉しいタネ採り散歩に出かけてみよう。

## ゼニアオイもいる

ご近所には、ゼニアオイ（銭葵）も住んでいるだろう（写真）。見た目と性質はほとんど一緒で、ハーブとしての活用法も同じといわれる。散歩の合間にでも、見比べてみたい。

ウスベニアオイ。

ウスベニアオイだと、茎に毛が生え、葉の切れこみが深い。

ゼニアオイ。

ゼニアオイだと、茎はツルッとして毛がなく、葉の切れこみが浅い。

# 第2章
# つつましく香る貴重な顔ぶれ

# 草むらの調香師

## ノジスミレ

### こだわりは、別のところに

ノジスミレ（野路菫）は、その名の通り、道ばた、空き地でよく見かけるスミレの仲間。

同じ環境に住むスミレ（菫）とそっくりで、初学者が真っ先につまずく“難問”としてよく知られる。

しかし花を見れば簡単。ノジスミレの花びらは、明らかに「お化粧のノリが悪い夏の朝」で、その色彩にあからさまなムラっ気がある。花びらの広げ方もなんだかだらしなく、散らかった感じである。

それでも、思わず連れて帰りたくなる。決定打は甘い芳香。

スミレの仲間には普通、香りがない。ごく限られた種族だけが高い香気を秘め、香水の世界でも、自然由来のスミレの香気は超高級品に分類される。やわらかな甘さが広がる次の瞬間、突き抜けるような高貴で清涼な芳香に満ちた、力強いフローラルな香りが空気を彩る。

ノジスミレの、調香師としての仕事は目覚ましく、群落の周りは、気品に満ちた至高の香りに包まれる。

### スミレたちの好み

一緒に暮らしたいと願う場合、第一に、タネを採ることをお勧めしたい（次ページ写真）。

ノジスミレ

*Viola yedoensis*

**性質：**多年生

**開花期：**３～５月

**分布：**本州～九州

**生命力：**★☆☆

間違いなく完熟したタネを狙って採る。そのタイミングはシビアであるけれど、ノジスミレはたくさんいるので、いろいろな場所を訪ねておるうちに、まんまと採れる。

道ばたや草地から学べば、ノジスミレたちが香り高く育つには「陽あたりが不可欠」であると分かる。

あらかじめ土に有機堆肥を入れておくと喜ぶし、乾燥気味の場所を選んでやると元気に育つ。一方で、陽あたりや水はけが悪いと不機嫌になり、花の数が減ってゆく。そのあたり、タチツボスミレ（p.18）とまるで違うからおもしろい。

開花の香気は、そよ風が流れる午前中がもっとも鮮やかな気がする。幸運な人、栽培する人だけが祝福にあずかれる、格別な特権である。

陽あたりがよい、やや乾燥した場所を好む。スミレに比べると花がふっくら丸みを帯び、花びら全体の色彩が淡い。よく似た種族がいくつかあるが、芳香があるのも大きな決め手。

花の表情や香りの濃淡には変化があり、好みの株を探すのはとても愉しい仕事になる。

サヤが開ききる前の完熟したタネが狙い目。早いと未熟、遅いと弾け飛んだ後となる。

# ヴィーナスの吐息

## ニオイタチツボスミレ

### 離れがたい美と香気

ニオイタチツボスミレ（匂立坪菫）は、とりわけ素晴らしい香りを調香する名花として名高い。全体的にタチツボスミレ（p.18）と似ているのでその名がある。

明るい雑木林の周り、陽あたりがよい公園の草地などに育ち、ごくたまに大群落になっている。

ハーブの世界が好きな方は、スウィート・バイオレットというヨーロッパのスミレをご存じかもしれない。その妖艶とも思える甘美な香りは「ヴィーナスの吐息よりもかぐわしい」（シェークスピア）と表現され、最高級の香水原料とされる。

だが香気についていえば、わたしとしてはニオイタチツボスミレに軍配をあげたい。西洋種の香りは、とにかくインパクトが強い。ニオイタチツボスミレの芳香は、甘さがより強く、やわらかなふくらみがある。初めは鮮やかに香るが、ふわっと淡くなりながら、たちまち消えてしまう。この優しさがよい。

### 園芸家泣かせの名手

花のフォルムも大変愛らしい。そっくりなタチツボスミレは、花色が水色系で、花びらを几帳面なほどきれいに開く。

**ニオイタチツボスミレ**

*Viola obtusa* var. *obtusa*

**性質**：多年生

**開花期**：4～5月

**分布**：北海道（南部）～九州（屋久島）

**生命力**：★☆☆

ニオイタチツボスミレの花は濃いめのグレープ色で、花びらの先端を愛らしくカールさせる。とりわけ上の2枚は強く反り返る。すると見た感じ、ころっとした丸顔になるのが特徴で、見慣れるとすぐに本種と分かるようになる。

庭に招くときは、タネ採りでも、根からの丁寧な掘りあげでも、成功率は五分五分。うまく発芽したもの、根から掘りあげたものには、陽あたりがよく、水はけもよい一等地を分譲する必要がある。そこまでして、どうにか葉を広げてくれても、翌春、消失することも多い。

これまでずいぶんと園芸家を泣かせてきたもので、ごくまれに成功しても、その理由は「よく分からないです」。腕試しのつもりで挑みたい。

季節ごとに草刈りが行われる草地では大いに繁殖。陽あたり、水はけをよくすると殖える。

この丸顔が特徴。色彩も香るほどに濃厚。

つぼみ。スミレ類はつぼみもひときわ可憐。あたかも湖の鶴が愛情を交わしているかのよう。

# 根強い人気の原種

## センニンソウ

### 純白の巨大ブーケ

なんてことない道ばたのヤブで、純白の花が水しぶきのように咲き乱れていることがある。あまりにも壮麗な姿に、初めて見る人は「庭から逃げ出した園芸種」だと思う。それもそのはず、高価なクレマチスの原種系で、園芸店でも苗が販売されるほど人気がある。

センニンソウ（仙人草）は、そのタネに、風変わりなふわふわの綿毛をつける。それが仙人のヒゲに見立てられた。名に「草」がつくのだけれど、「つる性の低木」に分類される。身近な道ばた、ヤブ、雑木林などに住む野生種で、性質は頑健かつ〝雑草的〟。

花を見ると、白い4枚の萼片《がくへん》（葉が変化したもの）がよく目立ち、その中心から糸状のものがふわりとたくさん伸びている。こっちが花である。全体の花数はとても数え切れぬほどで、さらに素晴らしいのがその芳香。甘いバニラにも似た香りを、たおやかに漂わせている。

### ボタンヅルの魅惑

センニンソウは、タネの時期に採取するのが手軽。なにしろ樹木の仲間なので、根を掘り起こすのは一大事業となってしまう。

センニンソウ

*Clematis terniflora*

**性質**：多年生
（草本状の木本性つる植物）
**開花期**：8～9月
**分布**：全国
**生命力**：★☆☆

発芽率はあまりよくないようなので、少し多めに採取したい。

うまいこと発芽したら、手間いらずでグングン伸びる。つる性なので、支柱など絡みつくものを用意するか、庭木などに誘引してきれいに仕立てたい。全草に強い刺激成分を含む有毒植物なので、手入れのときは革手袋の着用をお忘れなく。

そっくりなものに、ボタンヅル（牡丹蔓）がある。葉の形が牡丹の葉を思わせ、葉姿も極めて風雅な雰囲気を持つ。開花数もセンニンソウに負けず劣らずの贅沢さで、やはり毒性を有している。ただ、芳香があまりない。甘い香りを取ってセンニンソウにするか、美しい葉を取ってボタンヅルにするか。わたしたちの悩みは尽きることがない。

センニンソウは園芸種で有名なクレマチスの「日本産の原種系」。美しさと育てやすさは折り紙つき。

センニンソウの「仙人」の由来となった結実期の姿。

ボタンヅル。花はほとんど同じだが葉姿が違う。住宅地や雑木林でごく普通に見られる。

# 美女で野獣

## ガガイモ

### かぐわしき魅惑の花穂

20年前なら、出逢えば小躍りするほど喜んだものである。

ガガイモ（蘿藦）という変わった名前は、結実の珍妙な姿に由来する。つる性の植物で、道ばたのフェンスなどに絡みついており、秋が深まると、たまにイモのような結実をぶら下げる。これを割ると、内側がふかふかの白毛で埋め尽くされている。光をはらむと美しく輝くので、「鏡（ガガ）のようだ」となった。

都市部から里山まで、広い地域で見られる。葉は細長いハート形。葉脈が淡い緑色となって、美しく、鮮やかに浮かびあがる。そのデザインがとても印象的で、見分けるときの大きなポイントになる。

花は団子状に固まって咲くが、羊みたいにふわふわの毛に覆われているところがユニーク。色彩はバニラにストロベリーソースを垂らした愛らしい感じで、そこから素晴らしく優雅で甘い芳香を漂わせる。

### 美女だが野獣の猛々しさ

美しくて個性的な花、そして甘美な芳香。やがて実るイモの様子も愉しくて、一緒に暮らしたくなる。

採取方法としては、根を5㎝くらい切って持ち帰ればよい。

**ガガイモ**

*Metaplexis japonica*

**性質**：つる性の多年生

**開花期**：6～9月

**分布**：北海道～九州

**生命力**：★★★

それはつまり、極めて強大な繁殖力を意味する。栽培はプランターで。間違っても菜園などには植えない。

ガガイモは、タネより根で殖えることに熱中する。根の成長速度は手元の資料で「1年で長さ5ｍ」。地下10cmあたりを横方向に伸び、道中、あちこちから新芽を出す。さらに別のところから、深さ1ｍまで潜りこむ根をいくつも伸ばす。うかつに植えればリセット不能に。

プランターを敷石やブロックの上に設置すれば、根の野獣性を阻止できる。結実率は奇跡的なほど悪く（0.3％ほど）、おもしろがって採ってしまえば、周りに広がることもない。むかし話の通り、美女の美貌と甘いささやきを独り占めするなら、お城に閉じこめておく。

とても優雅な葉姿を活かすならフェンスなどに絡ませる。地面に植えると際限なく殖えてしまうので、鉢やプランターで育てたい。

### 活用のヒント

**食用に**

若くて未熟な果実を天ぷらに。やわらかな茎先や若葉も天ぷらにすると大変美味。量は控えめに（刺激成分を含む）。

**民間薬に**

イモ（結実）のなかにあるタネを乾燥させ、お茶で内服すると、強壮・強精作用があるといわれてきた。腫れ物、毒虫刺され、蛇に咬まれたときは生の葉を揉んで患部に塗布するとよい、とされる。

イモ（結実）。サツマイモみたいな姿がユニーク。滅多に実らないので見られた人は幸運。

# 真夏の夕べに溶けゆく甘美

## マツヨイグサ

### 夕闇の女王

夏の熱い陽が落ちて、人々が家路に急ぐなか、そっと開花を始める植物がいる。気がついた人は幸い。

マツヨイグサ（待宵草）は、夕闇を待って開花するのでその名がある。だいたい19時前後だが、地域や環境によってバラつきが多い。開花のタイミングを決定づけているのは、茎にある特殊なセンサー。光の強さを感じることで、最高のタイミングを狙っているのだ。

道ばたや荒れ地に多く、庭にもやってくる。これはある意味、帰郷。もともとは園芸種だったからだ。

草丈は1mほど。スマートにすっと立ちあがり、花が大きく、花期も長い。育てる手間もかからぬ。

夜に開く花は、優しいフォルムが魅力的で、色彩はレモンイエロー。ここから甘いハチミツの香りをベースにした、フローラルな芳香を強く漂わせる。美しい花と、甘美な香りの競演は、朝焼けを待たずして終焉を迎える。

### トラップにご注意

開花の翌日が曇っていたり、秋に開花を始めたものだったりすると、翌日も開花しており、運がよければ香りも愉しめる。

**マツヨイグサ**

*Oenothera stricta*

**性質**：1年～越年生
**開花期**：5～8月
**分布**：本州～九州
（アルゼンチンほか原産）
**生命力**：★☆☆

こぼれダネで殖えるので、タネを採取してまくとよい。ちょっとした群れになりやすいけれど、比較的大人しく、整理も簡単。

注意すべきは、そっくりなメマツヨイグサ（雌待宵草）が身近に多いこと。シンプルな見分け方は写真の通り。メマツヨイグサは繁殖力が尋常でなく、取り違えて育てると、庭中に散らばってリセット困難に。近隣にも容赦なく広がるので厄介。

メマツヨイグサは、勝手にやってくることも多い。地上部を刈っても再生するので、大きなシャベルで根から掘りあげる。太い根は真っすぐ下に、深く伸びている。大株でも、まだ小さくても、しっかり掘る。

どちらの花も生食できる。色彩と蜜の甘さが魅力。

マツヨイグサ。しぼんだ花色が赤っぽい。

マツヨイグサの葉は細長く、主脈が白っぽい。

メマツヨイグサ。しぼんだ花色が白っぽい。

メマツヨイグサの葉は幅が広く、主脈は赤みが差す。

# 甘く映える装飾花

## コマツヨイグサ

### 舞台装飾の名人

日本にはいろいろなマツヨイグサが住む。すべて海外から持ちこまれたものだ。なかでも目立って殖えているのが、メマツヨイグサ（前項）とコマツヨイグサ（小待宵草）。

コマツヨイグサは、草丈が30cmほどとコンパクトで、葉の縁がワカメみたいに波打つ。見た目ではマツヨイグサ類とは思えない。

夕暮れの幹線道路のわきを、レモンイエローの花で飾りつけているものがいれば、コマツヨイグサである。大都会から里山の野道まで、いまではごく普通にお目にかかれるだろう。

コマツヨイグサを素直な目で観賞すると、なかなかどうして美しい。葉はこぶりで、色は淡いミントグリーン。それは元気よく、わしゃわしゃと、こんもりと茂る。この葉色に、花の甘いレモンイエローが合わさるので、とても美しい。ほかの園芸植物とも相性がよく、それぞれの色彩や質感を引き立て合ってくれる。

### 初めは鉢植えで試したい

庭の縁取りでもよいし、こぢんまりとした群落に仕立てても愛らしい。もちろん、素焼きの鉢植えで、こんもりと茂らせても、プランターで寄せ植えにしてもおもしろい。

**コマツヨイグサ**

*Oenothera laciniata* var. *laciniata*

**性質**：1年～可変2年生
**開花期**：4～10月
**分布**：本州～沖縄
（北アメリカ原産）
**生命力**：★★☆

採取は、根からの掘りあげでも、タネでもよい。

生命力は抜群で、カラカラに乾燥する場所、カンカンに陽があたる場所、栄養分が少ない土壌でも、持ち前の強さで耐えてみせる。なにしろ潮風がきつい、灼熱の砂浜ですら、見事な繁栄を遂げるほどである。

こぼれダネでよく殖えるので、初めのうちは鉢植えで試してみるのがよい。庭に植えるなら、後で殖えることを見こんで、整理しやすい場所を選ぶ。除草は、株元をつまんで引っ張れば根から抜けてくれる。

この花も夕方に咲き、甘い香りを放つ。このときの花を生食すると、甘味と香りを愉しむことができる。しかし最高のタイミングは短く、かなりシビアである。

草丈は最大で1m。たいていは20～40cmのコンパクトなものが多い。道ばたに普通にいる。

花には甘い芳香と味わいが。

葉は細長い。上の葉と下の葉では形が違う。

# 爽快なバスハーブ

## カキドオシ

### 本番は、花の後

たいていの植物は、草丈を一所懸命に伸ばしてから花を咲かせ、実をつけたら地上部を枯らす。ところが、まるで違う〝考え方〟を持つ連中がいるからおもしろい。

カキドオシ（垣通し）は、庭の生け垣を通り抜けて伸びてゆく様子から名づけられた。むかしから庭で栽培される植物だったことが分かる。食用になり、薬効も高いとされ、ヒトは一緒に暮らすことを望んだ。

春に開花期を迎えるが、このときはピンと立ちあがり、ピンク色のひらべったい花をたくさん咲かせる。よく見ると、濃いピンクの斑紋を派手に浮かべている。このユニークなお化粧ぶりで、とても覚えやすい。

すべての花がしぼむと、いよいよといった感じで、茎を伸ばし、地べたをはいまわる。結実なんかはそっちのけで、全精力を、愉しくのたうちまわることに注ぎこむ。

こうして旅を続け、気に入った場所があれば、茎の節から根を下ろし、子株をこさえて殖えてゆく。

### 豊かな香りを愉しむならば

田んぼや道ばた、ヤブの近くで出逢うことが多いだろう。叶うなら、根から掘りあげて持ち帰る。

**カキドオシ**

*Glechoma hederacea* subsp. *grandis*

**性質**：多年生
**開花期**：4～5月
**分布**：北海道～九州
**生命力**：★★☆

乾燥地でも育つが、香りを望むなら、半日陰か日陰に植えることをお勧めする。カキドオシの葉は強い芳香を持つが、これは精油が多く含まれるから。陽あたりが強い場所では、カキドオシは体を冷やすため、精油を大量に揮発させてしまう。

さて、やわらかな葉や花は、天ぷら、かき揚げにすると美味である。パスタやスープに少量をちぎって薬味にしてもよい。

全草を陰干しして淹《い》れたカキドオシ茶は、糖分の吸収率を下げる作用などが知られてきた。

湿疹やあせもを予防・改善する作用も期待される。お茶にしたものを塗ってもよいが、入浴剤にして湯船に浮かべると、ほのかな芳香が漂い、心地よい。

どこでも育つが、半日陰～日陰を好む。涼しい場所で採取した葉には精油成分が多めに含まれる。

葉姿。フリルがついたウチワ形。

越冬時の姿。この時期も採取に向く。

# 香味野草は地下で汗をかく

## セリ

### 根の魅力

春の七草のなかでも、筆頭を飾る名花である。

セリを漢字で「芹」と書くことも多いが、「若い苗が〝競り〟合うように生えるから」というのが広く知られる由来である。

早春から5月の、田んぼがセリで埋め尽くされる様子は、まさに由来の通り。ひしめくように群れる。この時期に採られたセリは、野菜として育てられたものとまるで別物。食感が爽快で、香味もひときわ高い。

セリの香気は、ほかに代えがたいものがあり、ただそれだけで食欲を刺激する。多くの人はセリの葉だけを摘むが、熟練者は根を採る。爽快な食感、味わい深い香味がいっそう鮮やかで、浅漬けなどにすると、もはや箸が止まるところを知らぬ。「根を採ると、セリが減ってしまいませんか」という優しい気遣いは称賛に値するが、セリはたいそう強健な生き物でございまして、むしろ減らすのが大変なほど。

### スーパーのセリも再生

スーパーで買ったまま、冷蔵庫で安眠を貪っていたセリを発掘した。悪いことをしたと、庭に植えてみたら、数年で庭中に広がった。

**セリ**

*Oenanthe javanica* subsp. *javanica*

**性質**：多年生

**開花期**：6～9月

**分布**：全国

**生命力**：★★★

片っ端から引っこ抜いてもキリがなく、ひどく困った思い出がある。リセットには3年を要した。

野生のセリが好きなので、ちょっと植えてみた。うなるほど殖え、とても困った。地下で好き勝手に伸ばし続けたネットワークは、きっと相当な長さに及ぶのだろう。あまりの精力家ぶりにびっくりした。

水辺に好んで住みつくが、乾燥している場所にも適応する。その場合、香りは薄っすら。食感も筋っぽい。

ただ、セリが立派に立ちあがり、葉を広げる姿はとても凛々しい。精悍な男性が、礼装をその身にまとったような端正さがあり、すがすがしく映える。白い花穂を大きく広げるところも魅力的。栽培には、ひとまず鉢植えをお勧めしておく。

田んぼの周りで採れるセリは香気と香味が高め。庭で育てる場合も、根とタネで殖えるため、しばしば整理が必要。

### 活用のヒント

**食用に**

おもに生で使われるほか、鍋料理にもよく合う。このとき葉や茎を長く加熱すると、食感が悪くなり、エグ味が出る。仕上げ段階で加えるとよい。

**民間薬に**

全草に食欲増進、去痰、利尿作用があり、体を温める作用も知られる。陰干しした全草を入浴剤にすると、神経痛やリウマチの痛みの緩和になるとされる。

若いセリの根。香味は抜群で浅漬けが絶品。

# シンプルは美徳

## ミツバ

### 暗く、湿って、おいしくなる

その爽快な歯ざわりと香りの高さから、快活なイメージがあるこの植物。しかし実のところ、暗く湿った場所が大好き。

ミツバ（三葉）はその名の通り、葉が3枚、ワンセットになっている。よく見ると、1枚の葉がみっつの小葉に分かれている。

山菜の大多数は、人里でおいしく栽培するのがむずかしい。その点、ミツバたちは、頑固そうに見えて話が分かる連中で、栽培しても、おいしくなろうと努力してくれる。

静かな山中から身近な雑木林、公園などにも住みつく。

花は、咲いているんだかどうなんだか、よく分からないほどちっちゃいものを、ぱらぱらと、散らかすように飾る。シンプルすぎて、手抜きにも見える仕事ぶりだが、細工は流々、よく結実し、よく殖える。

育つ環境によって、その食感や風味が「まるで別物」というほど一変する。陽がよくあたる場所では、硬く筋張り、香りも少ない。日陰で水気が多い場所に育つと美味。

### こぼれて殖えるが控えめ

香味野菜や薬味として、おいしく育てれば、日々の愉しみが増える。

ミツバ

*Cryptotaenia japonica*

**性質：**多年生
**開花期：**5～8月
**分布：**全国
**生命力：**★★☆

タネや苗は園芸店で買えるが、地元で育つ野生種を、庭に誘うのも愉しい。田んぼの周り、雑木林の散策路などで採取が叶うなら、根から掘りあげて持ち帰る。タネ採りもよいが、根のほうが確実。

庭木の下、あるいは湿り気が多めのところを選んであげれば、気持ちよく住みついてくれる。陽あたりのよい、乾燥しやすい場所でも育つけれど、見る間に葉が黄ばんできて、実に痛々しい姿でうなだれる。

花が咲き、実がつくと、こぼれダネで殖える。しかし、パラパラと新芽が顔を出す程度。なかなか節度ある態度にちょっと感心するけれど、料理で使うにはまったく足りず、結局、スーパーに走る。大きな庭園が欲しくなる瞬間である。

生命力はとても強い。おいしく育てるなら湿り気のある半日陰で育てるとよい。

### 活用のヒント

**食用に**

ビタミンA、Cが豊富で、シンプルな酢の物、和え物、天ぷらにすると美味。採取するとき、指先でなでてみて、感触がやわらかいものだけを選ぶ。硬めの感触のものは口のなかに筋が残っておいしくない。

**民間薬に**

全草が消炎、解毒に用いられ、肺炎や帯状疱疹の症状緩和にも利用されたという。

ミツバの花。楚々とした可憐さが魅力的。

# 甘美なじゅうたんを

## ヒメクグ

### 草むらの香気

いつかこれを庭に敷きつめたいと思っている。

ヒメクグ（姫莎草）に「姫」とつくように、とても華奢で小さな植物。大きくなっても30cmほどで、たいていは5〜10cmほど。莎草《クグ》は「しなやかな草」のことで、蓑《みの》やむしろなどを編むのに使われた草を指す。莎草に似ており、とても小さなことから姫莎草になったようである。

田んぼや公園の草地に住み、恐ろしく地味な姿で気にもされぬが、ある瞬間、存在感を発揮する。

芝地や草むらを歩いていると、近くを行く人がふと足を止める。「この甘い香り、いったいどこから」とあたりをキョロキョロ。その足元に、ヒメクグの群れがいる。これを踏むと、ふわーっと甘い香気に包まれる。西洋の庭園では、わざわざ通路の上にハーブを植えて、お客を愉しませるが、あれができるんじゃないかと夢想する。

### 香りのじゅうたんの育て方

ヒメクグは、スッと伸ばした花茎の先に、鋭く流麗な3枚の葉（苞《ほう》）を飾り、その中心に、コンペイトウみたいな丸っこい花穂をつける。その造形はシンプルだが洒落ている。

**ヒメクグ**

*Cyperus brevifolius* var. *leiolepis*

**性質：**多年生

**開花期：**7〜10月

**分布：**全国

**生命力：**★☆☆

中心のぽんぽんした花穂を指先で揉むと、あの甘い香りが立ちあがる。たくさんのタネをつけ、こぼれて殖えるほか、根を伸ばしながら子株をこさえる。

根の生命力がとても強いので、これを採取するとよい。

陽あたりがよく、湿った場所に植えるのがよいのだけれど、庭でこの条件を満たす場所は、なかなかない。そこで、初めのうちは鉢植えやプランターで試してみる。愉しみながら殖やし、その一部を庭などに植えつけ、様子を見る。

元気に育つと殖えてゆく。整理が必要になったら、根から除く。小さな香りのじゅうたんがお望みなら、初夏、散髪する感じで短く刈りこむ。小さなぽんぽん畑になる。

初夏に短く刈りこめばとてもコンパクトになり、歩くたびに香りが広がる。

やや立派な株立ちに仕立てるのも愉しい。

結実期。手軽に試すならこのタネを採取する。

# 道ばたのバニラ・グラス

## ハルガヤ

### 魅惑の茅

もしもどこかで見かけても、これが素晴らしい香りを抱く美品であるとは夢にも思わぬだろう。その前に、存在に気がつくかどうか、という問題があるにしても。

見た目はパッとせず、雑草感たっぷりなハルガヤ（春茅）は、「茅《カヤ》」に似て、春に咲くのでその名がある。茅は、屋根の材料、家畜のエサなどに利用される「とても役に立つ草」の総称。ススキ（p.262）やチガヤ（p.258）といったものも、この茅に含まれる。

ハルガヤもまた、家畜たちが喜んで食べるようで、しかも食べるほどに食欲を増すことが知られ、牧草用に海外から輸入された。

むかし、筆者は別のルートで手に入れた。マニアックなハーブを売る園芸店である。お名前はハルガヤではなく、「バニラ・グラス」。イネのような姿なのに、バニラの香りがするというのか。「こいつはおもしろい！」と興奮した。

### 意外な甘い芳香

お金を出して買ってから数年後、同じものが広く野生化し、河川敷や草地、道ばたにいくらでも生えていることが分かり、腰が砕けた。

**ハルガヤ**

*Anthoxanthum odoratum*

**性質：**多年生
**開花期：**４～７月
**分布：**北海道～九州
（ユーラシア原産）
**生命力：**★★★

バニラ・グラスとハルガヤは、学名が一緒。つまり同じ植物であった。

道ばたのハルガヤの前で膝をつき、頬を土まみれにして鼻先を向けても「草っぽい」だけ。これを収穫し、乾燥させると、突如、「桜餅のような香り」を放つ。バニラ・グラスでも試したが、「どこか遠くのほうで、バニラのささやき声が」という程度で、日本人にはやはり「桜餅っぽい」。ちょっとした芳香剤にできる。

ハルガヤは多年生なので、定着すると毎年生えてくる。草丈は20～50cmほど。根から丁寧に掘り起こし、陽あたりのよい場所を用意すれば、まず、喜んで住みついてくれる。

こぼれダネでよく殖えるので、先々の除草の労苦は御免こうむりたい場合、鉢植えで愉しみたい。

開花の姿が特徴的で、思ったより覚えやすい種族。河川敷や草地でよく見かける。

草丈は20～50cmとコンパクト。扱いやすい。

茎葉を“乾燥”させればはっきりと甘く香る。その簡素な姿からは想像もつかぬ香りが愉しい。

# 第3章 花が小さくとも華を添える名わき役

# 気難しくも幸せなクローバー

## シロツメクサ

### 〝共に生きる〟がモットー

芝生の庭を愛する人にとって、この植物は脅威でしかない。美しく整えられた芝地が侵略され、見事な「まだらハゲ」と化す姿に声を失う。

しかし野辺や小さな庭にあると、なんともいえぬ愛らしさがあり、牧歌的な姿に心がなごむ。

シロツメクサ（白詰草）は、江戸時代、ガラス製品を輸送する際に、乾燥させたこの花穂をクッション材として箱に詰めこんだので、「詰草」の名がついた。

三つ葉のクローバーとして愛され、丸っこい葉の表面に「白いV字模様」を浮かべることが多い。これはよく似たカタバミ（p.182）と見分けるポイントにもなる。

とても仕事熱心な生き物で、花蜜をこさえてはミツバチたちにふるまい、光合成で作った栄養を土壌へ還すことも忘れない。あらゆる植物が必要とする窒素を、菌類と協力して集める能力が非常に高く、近くの植物もこの恩恵にあずかっている。

### 難易度は高め

草丈が低く、こんもりと茂る姿も愛らしい。ほかの生き物たちに〝贈り物〟を欠かさぬ美徳を持つので、庭や菜園にお招きしたくなる。

**シロツメクサ**

*Trifolium repens*

**性質**：多年生

**開花期**：5～8月

**分布**：全国
（ヨーロッパ原産）

**生命力**：★★★

その場合、タネを採取するか、根から掘り起こして植えつける。

タネからの発芽は、バラつきがあるものの、早ければ4日後くらいから。植えつけは、陽あたりがよければどこでもよい（日陰は嫌がる）。

やがて、株元から新しい茎を伸ばし、これが地べたをはいまわる。気に入った場所があれば、この茎の節から根を下ろして子株になり、茂みが少しずつ大きくなって、たくさんの花を咲かせる……はず。

だが庭や菜園では、なぜか野辺のようにうまくゆかない。ひょろひょろ伸びて、べちゃっとなり、花も咲かず。意外と気難しい。美しく仕立てるには、鋭い観察眼、こまめな刈りこみが不可欠。うまくできた人は、称賛に値する園芸家である。

シロツメクサはこぼれダネ、ほふく茎（ストロン）で殖えるので群落になりやすい。

冬のシロツメクサの葉姿。葉は丸っこく白いV字模様がある。

桃色が強く発色する「モモイロシロツメクサ」もかわいい。身近で見つけてみたい。

# 壮麗な紅いぽんぽん

## ムラサキツメクサ

### 町暮らしのはじまり

ムラサキツメクサ（紫詰草）が標準和名だが、別名のアカツメクサで覚えている方も多い。どちらでも通じるので、ご心配には及びません。

はいまわることを愉しむシロツメクサに対して、ムラサキツメクサはズンと立ちあがり、大人の腰の高さまで育つ。葉も大きく、花穂もボリューム満点で、その鮮やかな色彩も手伝ってよく目立つ。

交通量が多い、幹線道路の緑化植物として活躍しており、舞いあがる粉塵、襲いかかる排気ガスにもくじけることなく、ややホコリをかぶりつつ、たくさん咲いている。なんだか大変申し訳なく思えてくる。

初めは牧草として導入され、のどかな牧草地に住んでいた。持ち前の生命力の強さを買われ、市街地緑化の仕事が入ると、都会暮らしも気に入ったようで、見事に定着。大株に育ち、花つきも多く、色彩が映えるので、いまも根強く愛されている。

### 性質はまるで逆さま

ムラサキツメクサとシロツメクサは、よく似ているけれど、結構違う。たとえば葉姿。

ムラサキツメクサの葉は、先端が細長く伸び、葉の柄は毛むくじゃら。

**ムラサキツメクサ**

*Trifolium pratense*

**性質**：多年生
**開花期**：5～8月
**分布**：全国
（ヨーロッパ原産）
**生命力**：★★☆

シロツメクサの葉は丸っこく、葉の柄に目立つ毛がない。この違いを知ると、ロゼット（地面の上で葉を放射状に広げた姿）でも区別がつく。

また、ムラサキツメクサは、強く刈りこまれるのを非常に嫌うので、のびのび育つのを見守ることになる。刈りこみなんてへいちゃらというシロツメクサとは管理方法も真逆。

栽培を試みるなら、真夏に熟したタネを採る。根から掘り起こして持ち帰ってもよい。陽あたりのよい場所なら、すくすくと育ってくれる（じめじめした場所は苦手）。

地下では根を横方向に伸ばし、そこから新芽を出して子株をこさえ、殖えてゆく。増殖をおさえたい場合は、ハンドシャベルで根を切断し、その一方を取り除けばよい。

ムラサキツメクサは、大きく育ち、こんもりと茂ればとても見栄えがする。軽く切り詰めたりして形を整えるとよい。

葉の縁や裏には目立つ毛が多いのが、ムラサキツメクサの特徴。

白花のタイプは「セッカツメクサ」という。

# ツートンのミニチュア樹林

## ヒメオドリコソウ

### 憧れの春の競演

ヒメオドリコソウ（姫踊り子草）は、その姿が在来種のオドリコソウと似ており、ずっと小柄なのでその名がついた。

道ばた、草地、耕作地に育つほか、庭にもやってくる。そういう意味ではおなじみの雑草。

草丈が10㎝にも満たぬ、とても小さな草だけれど、葉色のコントラストがとても華やかで、お祭りやぐらのような立ち姿がまたユニーク。

早春、ヒメオドリコソウとオオイヌノフグリ（p.76）などが花の競演を始めるや、道ばたの世界は満面の笑みを浮かべたように、それは華々しく春の舞台を飾り立ててゆく。あらゆる園芸家が「いつかこういう庭を創りたい」と切望する、愛らしさの極み。

ヒメオドリコソウは、初夏にはクリーム色になって枯れ、姿を消す。しかし晩秋、新芽を出して冬を越す。

### 美しく仕立てるには

向こうから庭や菜園にやってくることもあれば、まったく来ない場所もある。出来事の発端は、初夏、ヒメオドリコソウがタネを落とし、たまたま通りがかったアリたちが、喜んでそれを巣に持ち帰ること。

ヒメオドリコソウ

*Lamium purpureum*

**性質**：越年生
**開花期**：４～５月
**分布**：北海道～本州（ヨーロッパ原産）
**生命力**：★★☆

タネの運搬中に、突発的ななにかが起きて、アリがポロリと落とすことがよくある。その道中に、あなたのお庭や菜園があるかどうかで、結果が決まる。

庭や菜園で、まばらに生えると、どうもいまひとつ。野辺のように、ミニチュアの樹林帯みたいに仕立てるなら、しっかりタネをまきたい。初夏のクリーム色になった株を、ひと握りほど採取し、小さなポリ袋に入れる。そのまま、わしゃわしゃと揉めば、小さなタネが袋の底に溜まる。これを日向、あるいは半日陰の場所にまとめてまく。夏でもよいし、秋になってからでもよい。

しっかり水やりをすれば、晩秋、愛らしい新芽たちが、それは元気よく産声をあげてくれる。

ヒメオドリコソウとオオイヌノフグリなどの競演。「小さな植物」で描かれる世界は本当に美しい。

発色具合は個体差が大きい。

結実期の姿。タネの収穫に最適。

# スタイリッシュでコケティッシュ

## エノキグサ

### ちょっとトボけた愛らしさ

葉がエノキ（樹木）の葉に似ているのでその名がある。

多くの人が、いつもなんとなく、むしっている雑草のひとつ。よく見ると「手がこんでいる」というか「なぜそうなった？」といいたくなる、ユニークな造形美が見どころである。

まず、葉のつけ根を見る。なみだ形をした葉のようなものがあり、どことなく編み笠を思わせる。その中心に、丸っこいおできみたいなものがあって、これが雌花。

次に草のてっぺんを見る。赤いチョンマゲみたいなものがピンと立つ。これが雄花。

全体のイメージは、シンプルでスタイリッシュ。それが開花期となればコケティッシュに変貌する。

その葉は、やや艶のある、美しいフォルムをしており、なんだかおいしそうに見える（食用にはされない）。これがこぢんまりと立っていると、「海外のハーブかしら」と思えるほど、いっぱしの品格がある。

### 頼まなくてもやってくる

陽あたりのよい、乾燥した場所に好んで生える。お気に入りは、宅地の側溝、外壁の隙間、庭、そしてやや放置気味の鉢植えやプランター。

**エノキグサ**

*Acalypha australis*

**性質**：1年生
**開花期**：8～10月
**分布**：全国
**生命力**：★★☆

こぼれダネでよく殖え、集団発生も多いのだけれど、誰かの衣服や、通りすがりの動物からタネが落ちたのだろうか、ポツポツと生えてくることも。1年生で、引っこ抜けば終わりだが、発見しやすくて除草も簡単なため、ものは試しとコンパクトできれいな株立ちに仕立ててみるとおもしろい。とりわけ真夏は栽培種がへこたれ、庭が寂しくなる。エノキグサはこの時期がシーズンで、美しい生命力で飾ってくれる。

注意すべきこともある。エノキグサは、いくつかの病気や害虫の宿主になることがあるのだ。うどんこ病（p.201）などの病変が出たら、すみやかに抜き取り、ゴミ袋へ入れる。抜いたものを放置すると、病原菌が広がってしまう恐れがある。

美しくまとめるとボリュームのある優美な株立ちとなり、庭の雰囲気を一変させる。

一本立ちでも愛嬌たっぷり。

“編み笠”の部分。ユニークな造形美にこだわる。

# 孫にも衣装

## キツネノマゴ

### 道ばたの舞踏会

道ばたや草むらで、ごく普通に見かける種族。庭や菜園にも、いつの間にか訪ねてくる。

キツネノマゴ（狐の孫）という、見る人の想像をかき立てる、物語仕立ての名前を持つが、無念にも由来は失われた。花の様子が狐の尾に似て、小さいから孫がついた、など諸説あるが、どれもモヤモヤする。

コンパクトな植物で、草丈は10〜40㎝ほど。葉の姿は果てしなく地味であるが、花には華やぎがある。

花穂は長めに伸び、ツンツンしている。この独特な姿だけでもキツネノマゴだと分かる。そこに小さな花をちらほらと咲かせてゆくが、この花、よく見ると大変優美である。お城の舞踏会を彩るドレスのようで、上半身がきゅっと締まり、胸の下から大きくふくらみ、足元あたりでしゅっとつぼむ。普段は地味なキツネノマゴたちだが、群れて咲く姿はたいそう美しく、愛らしい。

### 驚くべき薬草の実力

菜園にはもちろん、たまにプランターにも入ってくるが、そのまま育ててもよい。少なくとも野菜類に関しては、キツネノマゴが悪影響を与えるという話を聞かない。

キツネノマゴ

*Justicia procumbens* var. *procumbens*

**性質**：1年生
**開花期**：8〜11月
**分布**：本州〜九州
**生命力**：★★☆

育てる価値は、薬草としての利用にもある。あまり知られておらぬが、なかなかの実力派。

もっともシンプルなのは、開花期に全草を採取して、入浴剤にする方法。布の袋か、お茶の葉を入れる小袋に詰め、鍋でゆっくり煮る（沸騰させないようにする）。この煮汁と小袋を、湯船に注いでお湯になじませる。腰痛、神経痛、リウマチの痛みなどを緩和するといわれる。お茶にして飲むと、カゼの諸症状を和らげるとされてきた。

才能豊かなマゴたちを庭に招くには、根から掘りあげて持ち帰る。タネの採取は困難である。完熟したらすぐ、バネ仕掛けで飛び散らかしてしまうのだ。植えつけは、日向から日陰まで。どちらでも適応する。

道ばたで群落となっていることが多いが、気にする人は滅多にない。意外ときれいな“薬草”。

9月の花。色はやわらか。

11月の花。寒くなると発色が鮮やかになる。

# 草むらのいぶし銀

## ハルタデ

### タネまきこそが生き甲斐で

ハルタデ（春蓼）は、その名の通り、春に咲く。気が早い子たちは、4月になると開花を始める。

見た目の雰囲気はイヌタデ（p.22）とほぼ一緒で、草丈も同じくらい（30～60cm。大型のものは80cm）。住みつく環境も似ており、草地、道ばた、そして耕作地に多く見られ、農地を借りて家庭菜園を始めると、すぐに顔なじみの雑草になる。

ハルタデとイヌタデを簡単に見分けるには、まず花を見る。ハルタデの花は、全体的に白っぽい印象（イヌタデは濃い紅ピンク）。例外もあるが、基本はこれ。

葉の表面にも違いがあって、ハルタデの葉には黒っぽい模様が浮かぶ（イヌタデの葉にはない）。

菜園などでは、早ければ3月ごろから発芽が始まる。開花は4月からだが、秋になってもまだ続く。ひたすら開花と結実を繰り返し、多くのタネを足元にまいてゆく。

### まかれたタネはご長寿で

ハルタデの魅力は、その〝渋さ〟。茎の赤褐色、葉の濃厚な緑。茶室に合いそうな、どっしりとした気品があり、そこから白と淡い紅が混ざり合う花穂を軽やかに立ちあげる。

**ハルタデ**

*Persicaria maculosa* subsp. *hirticaulis* var. *pubescens*

**性質**：1年生
**開花期**：4～10月
**分布**：全国
**生命力**：★★★

あざとい派手さがなく、〝いぶし銀〟の風情が大変素晴らしい。

ハルタデを採取するなら、根から掘りあげるとよい。開花期が長いので、丁寧に行えば、植えつけた後も開花を続ける。日向から半日陰の場所がよく、湿り気を好むが、乾燥地にもよく耐える。数株を植えつけてみて、庭との相性を見てみたい。

たまに大きく育つ株がある。5〜6月くらいに、お好みの高さに刈りこんで調整したい。

親株は、発芽から8か月ほどでその生涯を閉じる。

しかしタネの寿命は5年以上。菜園に植えるときは、それを見こんでおく必要がある。庭であれば、たまに様子を見て間引きすればよい。除草は簡単で苦労しない。

花色は白〜淡い紅色と変化がある。筆者が通い始めた休耕地は、当初ハルタデの大海原であった。春風と戯れる姿がたまらなくかわいらしい。

花穂はひょいと直立し、葉の表面に黒い斑紋。

小さなころから渋い装いが魅力。

# かわいいサソリの尾

## キュウリグサ

### 可憐な姿にキュウリの香り

　ワスレナグサを小さくしたような花とよくいわれる。園芸種のワスレナグサは、小花の中心にレモン色の輪を描き、そこから5枚の青紫色した上品な花びらをぴらっと広げる。この小花をブーケのようにたくさん咲かせるので人気がある。

　さて、キュウリグサ（胡瓜草）は、どのへんがキュウリかというと、〝匂い〟である。葉を揉むと、青っぽいキュウリの香りがする。食用にはされぬが、つまんで食べれば、やっぱりほのかにキュウリなのだ。

　人里ならどこにでもいる植物で、庭や鉢植えにもよくやってくる。

　葉姿はシンプルだが、花にはこだわりを見せる。春になると、花茎を20㎝くらい伸ばして、先端に「サソリ型花序《かじょ》」というのをつける。つぼみが集まってカールしており、その姿がサソリの尾にそっくり。とても愛らしい。やがてそこから開花する花も、ワスレナグサによく似た品格があり、愛嬌もたっぷり。

### 意外と大きく育ちます

　キュウリグサは、真夏の暑さをとても嫌う。夏本番の前に、きっぱり御暇乞《おいとまご》いをし、天命をまっとうする。いさぎよい。

**キュウリグサ**

*Trigonotis peduncularis*

**性質**：越年生
**開花期**：3〜5月
**分布**：全国
**生命力**：★★☆

一方、寒さにはめっぽう強く、涼しい秋になると、そこらから発芽して、小さな丸っこい葉をぺぺぺと広げ、越冬を始める。

ずいぶんと長い時間を、この小さな葉姿で過ごすのだけれど、温かな春の陽ざしが続くと、茎を四方八方に伸ばし始め、大きく茂る。

早春から開花を始め、長い花期の間は愛嬌にあふれつつ、ほかの花たちを邪魔することもない。表舞台の片隅で、ささやかながらも上品な彩りを添える名わき役になってくれる。

たまに「そこに居てもらっては困るのです」という場所にお店を構える悪癖があるので、いくつかだけ片隅に移転させ、残してみるのもよい。除草は簡単で、いつでもリセットできる。

園芸種にはない、純朴な愛らしさがキュウリグサの魅力。

キュウリグサの葉姿。除草するならこの時期がよい。

園芸種のワスレナグサ。花数が多い。

# 奇天烈ポップな西洋ハーブ

## ヘラオオバコ

### これでオオバコ？

いつもの道ばたで、あまり見覚えがない、おかしな花がツンツンとたくさん咲いていたら、ひょっとするとヘラオオバコかもしれない。

ヘラオオバコ（箆大葉子）の名は、葉がヘラ状に伸びる姿に由来する。オオバコ（p. 204）の仲間であるが、その姿はたいそう違っている。そもそも葉が大きく開くから大葉子なのであって、細長く伸びる本種は「オオバコじゃないじゃない」とのお叱りはごもっともですが、まあ、そのへんにしてやってください。

道ばた、草地、中央分離帯などで、とても数え切れぬような大群落をつくり、住宅密集地でもプランターや庭に潜りこんでくる。

ヘラ状の葉を放射状に重ねてゆく姿は、なかなかに洒落た雰囲気があり、すっと伸ばした花茎の上に、奇をてらったかのような花穂をぽてんとのせる。これが季節の風に揺れる姿は……。いやはや、本当にかわいらしい。

### 原産地では名士

原産地のヨーロッパでは、ヘラオオバコは食材であり、薬草とされてきた。基本的な使い方は、日本のオオバコとあまり変わらない。

**ヘラオオバコ**

*Plantago lanceolata*

**性質**：多年生
**開花期**：4～9月
**分布**：全国
（ヨーロッパ原産）
**生命力**：★★★

この西洋ハーブを使ってみたいと思っても、生えている場所がとにかく悪い。そこで「タネから育ててみよう」というアイデアが浮かぶ。

土質に好き嫌いはなく、乾燥にもよく耐える。踏まれて固まった土でも元気よく暮らすので、庭の通路のわきに植えてもよい。

葉は地べたにまとまってつき、あとは珍妙な花穂をひょいと伸ばすだけ。栽培植物の邪魔にならない。

こぼれダネで殖えるため、後で除草の手間をかけたくない場合は、鉢植えやプランターで。むしろそちらのほうが、ヘラオオバコらしい、ヨーロッパ的な装いをじっくり愉しめる。玄関の片隅で、この花穂たちが風に踊れば、見慣れた風景に、新しい彩りを添えてくれる。

この奇天烈でポップな花はひとたび覚えたら忘れがたい。遊び甲斐のある装飾的な植物。

### 活用のヒント

**食用に**

やわらかな若葉を摘んで、よく水洗いしてから天ぷらに。軽く塩ゆでし、水にさらしてから、お浸しや和え物でも美味しくいただける。

**民間薬に**

日本でも利尿、去痰、咳止め、消炎作用が知られ、胃潰瘍、慢性の下痢、膀胱結石の改善に、乾燥させたタネと全草が薬湯にされてきた。

葉姿。とてもおいしい“薬草”である。

# ふわふわツンツクもっこもこ

ツボミオオバコ

## 愛らしくもこもこ

さびれた空き地、乾いた砂利道、荒れた駐車場を愛してやまぬという物好きな植物たちがいる。ここでご紹介するのは、その代表格。

花を開花させずに、つぼみのまま結実することが多いので、ツボミオオバコ（蕾大葉子）の名がある。もちろん、たまに、ちゃんと咲く。

さて、多くの植物のタネたちが、発芽することすらためらうような、干からびて、踏み固められ、砂利だらけの劣悪な環境で、ツボミオオバコたちはわいわいと群れ、とても愉しそうに過ごしている。草丈は20cmくらいで、多くが10cmにも満たぬちび雑草。こぶりな葉や、短い茎には、上等そうな白い毛をたくさん生やす。指先でなでるとふわふわ。それはもう、とっても気持ちがよい。

色彩も、大人びた華やぎを抱く。ときおり淡い紅や紫を帯び、これが賑やかに群れると、さながら高級じゅうたんのようでたいそう美しい。

## 安定を好み、変化を嫌う

とてもコンパクトで、その姿も愛らしく、扱いやすく、世話いらず。色彩も変化があり、もこもこしたやわらかい雰囲気も愛らしく、「どんな庭にも合いそうだ」と思う。

**ツボミオオバコ**

*Plantago virginica*

**性質**：１年～越年生
**開花期**：５～８月
**分布**：全国
（北アメリカ原産）
**生命力**：★☆☆

プランターや庭に、勝手に住みつくこともあるのだけれど、そういった場所をよくよく観察すれば、特殊な環境であることが多い。つまり「手入れがやりづらい場所」か「手入れが放棄された場所」である。

我が家でツボミオオバコが育たぬ理由は、栽培がヘタクソということもあろうが、しょっちゅう土をほじくり返すことが、ツボミオオバコたちのご機嫌を損ねているようだ。実際、菜園や耕作地に生えても、すぐに消える。劣悪な環境を好むのは、安定して、いつも静かだから。

短命な種族なので、採取するのはタネがよい。あるいは開花期の前なら、ハンドシャベルで根から掘り起こして植えつける。整理のときも、同じく根から掘るとよい。

ひとたびカメラを向けると、時間が経つのを忘れるほど眺めてしまう、かわいい生き物。

目で味わうほどにメロウな感じに心を惹かれる。

シンプルながら、やわらかでぷりっとした葉姿も意外なほど装飾的。

# なでたくなるほど愛おしい

## ナズナ

### 野草世界の〝野菜〟です

ナズナは、世界中に住み、さまざまな文化圏で重宝されている重要ハーブ。春の七草のひとつでもある。ナズナ（薺）という名の由来には諸説あるが、日々の暮らしで困り事があるたび、なにかと助けになるので、ありがたくってなでたくなる……。「なで菜」が変化し、ナズナになったという話もあるくらい。

人の住む場所ならどこにでも、ナズナはついてまわる。結実が丸っこい三角形になるので分かりやすい。

迷惑雑草としての悪名があまりにも華々しく、見つかるそばから即刻打ち首にされるが、庭や畑にこそいてほしい、頼れる存在でもある。

古代から江戸時代の長きにわたり、ナズナは畑で栽培される野菜であった。ミネラルが豊富で、パルミチン酸やグルコサミンなど、話題の健康成分も生産する。そしておいしい。地上部は和え物、炒め物にすると味わい深く、根には豊かなゴボウ風味があり、鍋物によく合う。

### そのタネが悩みのタネ

庭仕事には切り傷・かすり傷がつきものだが、ナズナの葉を揉んでつけると、止血、消炎、鎮痛など、至れり尽くせりの傷薬となる。

**ナズナ**

*Capsella bursa-pastoris* var. *triangularis*

**性質**：越年生
**開花期**：３～６月
（地域によってはほぼ通年）
**分布**：全国
**生命力**：★★★

ハート形の結実に入っているタネも、やはり薬用とされる（下記囲み）。強靭な生命力に満ちているせいであろう。

ナズナが多くの人から迷惑雑草と見なされるのは、こぼれダネでやたらと殖えるから。それもそのはず、発芽率は90％を超えるという。

それも一斉に発芽することは決してなく、ほぼ1年を通じて発芽が続く。そうすることで、大いなる災い（たとえば天変地異やあなたの除草作業）に襲われても、生き残る可能性が高まる。極めて洗練された生存戦略を持っているのだ。

あらゆる場所に適応するので、タネをまけば育つ。そしてナズナにタネを落とさせなければ、防除が可能。春と秋、小さなうちに抜くと楽ちん。

園芸植物の合間にもすっくと生えてくるが、あなたならではの愉しみ方をぜひ見つけてみたい。

### 活用のヒント

**食用に**

やわらかな若葉と根を採取し、炒め物、汁物や鍋物の具に。素晴らしい風味。

**民間薬に**

傷薬として、止血、炎症止め、腫れの抑制、おまけに鎮痛作用が知られる。目が少し疲れたとき、ナズナを煎じたお茶に布を浸してアイピローにすると、気持ちよい。

ナズナの主根。香味が高くとても美味。

# 華やぎのナズナ

## マメグンバイナズナ

### 華やかさは抜群

近年、道路わきや道ばたで、驚くほど殖えている雑草のひとつ。マメグンバイナズナ（豆軍配薺）という名で、結実が「軍配」を思わせ、それがとても小さいので「豆」がついた。この結実がぷりっと丸っこく、非常に愛らしい。

花穂をたくさん立ちあげるので、ナズナ（前項）をいっそう華やかにした姿。生涯を通じてひと花咲かせ、たくさんの財産（結実）をこさえることに熱中するので、世間の悪評をおのずと高めている。

植物としてのお姿は、なかなか洗練されている。とりわけ結実のまめまめしい軍配が、ずらりと鈴なりになる姿は、とてもユニークで、そしてどこか荘厳な仏具のような雰囲気も漂わせるのでおもしろい。

いつも背筋をシャンと伸ばし、株立ちも乱れることがない。この凛とした佇まいと、愛らしい装飾が相まって、なんとも美しい。

### 菜園には不向き

発芽が始まるのは、秋から冬。冬の間や春ごろに、根から掘りあげて採取する。葉姿で見分けるのがむずかしい場合は、真夏に完熟した結実を採取する。

**マメグンバイナズナ**

*Lepidium virginicum*

**性質**：越年生

**開花期**：5～6月

**分布**：全国

（北アメリカ原産）

**生命力**：★★☆

ポットにまいて、発芽したものを間引きしてから植えつければ、庭のレイアウトと合わせやすい。

開花・結実すると、その生涯を終える。こぼれダネでよく殖えるので、秋冬に間引きをする。

菜園に植えるのは避けたほうがよい。庭のミニ菜園ならよいが、やや広い菜園で、近隣の農耕地と隣接している場合、タネが飛び散りやすい。特に注意すべきは、すぐ近くにムギ畑があるケース。ムギの強害草として猛威を振るうので、農家をとても困らせる。宅地の、狭い庭だからこそ愉しめる種族もあるのだ。

本種は薬草としても知られ、咳止め、喘息症状の緩和、お通じの改善、利尿の目的で、乾燥させてお茶にされてきた。

生命力がとても強く、肥沃な畑から熱砂の砂浜まで適応する。短期間で大群落を築く。

とても装飾的で遊び心をくすぐられる。栽培時は逃亡・拡散しないよう注意したい。

葉の姿。葉の柄が「茎を抱かない」のが特徴。

# 黄金色のさざ波

## コバンソウ

### 抜かずにおくのがむずかしい

コバンソウ（小判草）の名は、花穂の姿に由来する。この花穂のユニークさが、多くの人を魅了してきた。

イネ科の植物で、花穂が出る前は、そのへんのイネ科雑草たちと区別がつかない。「タネをまいたのに、ちっとも出てきません」という相談を受ける。それは発芽して苗になったころ、雑草だと思って抜いてしまうからだ。コバンソウにとっては、悲劇以外のなにものでもない。

20年前、住宅地の庭がコバンソウだらけになるほど大人気となった。そこからこぼれ落ちたタネが、近隣に広がってゆき、草地や道路わきで見る「あたり前の雑草」に。

イヌ、ネコ、ウサギが好んで食べるため、ペット用に育てるご家庭もあるようで、コバンソウの苗には、結構なお値段がついている。もちろん、小さなポリ袋さえ持っていれば、お散歩の途中で、好きなだけ小判をザクザク採れる。これをまけば、おおかたうまくゆく。

### 増える小判、逃げる小判

コバンソウは、手間いらずで、しかも枯れるほどに黄金色となってその華やぎを増す。ドライフラワーとして、長く愉しめるのも大きな魅力。

コバンソウ

*Briza maxima*

**性質**：1年生

**開花期**：5～6月

**分布**：本州～九州

（地中海沿岸原産）

**生命力**：★★☆

生命力が強いので、春、根から掘り起こしてもよいが、夏にタネを採るのが簡単。黄金色になり、カラカラに乾いた小判を多めに採る。陽あたりのよい場所、もしくはプランターやポットの上で、小判をくしゅくしゅっと揉む。すると小さなタネがまろび出てくる。シンプルに小判ごとまいてもよい。

庭や菜園には、2~3株を植えれば十分。こぼれダネで殖えることを計算して、数年後のボリューム感をイメージしておくとよい。

「金は天下のまわりもの」というが、コバンソウにもこれがあてはまる。庭内でじっとせず、すぐに外界へ逃げ出そうとする。周りに散らばった株は、丁寧に抜こう。雑草園芸の心構えとして、そうありたい。

コバンソウは枯れた姿も魅力的。庭や室内を賑々しくも愛らしく飾ってくれる。

道ばたの子は小さいこともある。

庭では立派に育つので、刈りこむなどして大きさを調整してもよい。

# どちらの小判か問題

## ヒメコバンソウ

### 限られた庭での煩悶

ヒメコバンソウ（姫小判草）は、花穂が極小サイズになる種族。その分、ぶら下げる花数は多くなり、賑やかさはいっそう増す。

園芸界にヒメコバンソウが登場するや、コバンソウを愛したご婦人がたのハートを射貫いた。誰もがさんざん悩んだあげく、先に植えていたコバンソウを「えい！」と引っこ抜き、ヒメコバンソウに植え替えるご家庭が続出したのだ。

あたかも野火が駆け抜けるがごとく各地に広がり、やはり逃げ出し、野生化が進む。大都市の人口密集地、交通量が多い幹線道路の花壇や草地では、ヒメコバンソウが大群落をこさえている。

野生化が進みつつも、純粋に自然美を愛する園芸家たちは、コバンソウと同様、いまもヒメコバンソウを大切に育てている。このユニークな愛嬌は、ほかに代えがたい。

### 散らかる小銭

まめまめしい花穂を、鈴なりにぶら下げる。それだけでもたまらないのに、枯れゆくほどにその魅力と情感を増してゆくのだからもう。

採取やタネまきの方法は、コバンソウ（前項）と同じ。

ヒメコバンソウ

*Briza minor*

**性質**：1年生
**開花期**：5～6月
**分布**：本州～九州
（地中海沿岸原産）
**生命力**：★★☆

しかし、それから起こることは大きく異なる。コバンソウは、元気よく茂っていても、少しずつ衰退してゆく傾向がある。ヒメコバンソウにはそれがない。長く定着するほか、散らばる力がとても強い。

大金ほど身につかず、小銭に砕けてそれも散り……。そんな感じであろうか。

そのため、ヒメコバンソウを栽培する場合は、「逃げ出したものが広がりやすい」ことをイメージして、控えめに育てたい。

ちなみにコバンソウとヒメコバンソウを一緒に育てると、これが驚くほど散らかった感じで、ちっともきれいに見えやしない。「さて、今年はどちらを育てるか」と、庭先をにらみつつ、ひとしきり悩む。

野生化しており、道ばたで、ふんわり枝を広げて小花を散らす。夏に結実期を迎える。

開花のはじまりの姿もかわいい。

晩期の枯れた姿。独特な趣きが最高。

# ベルベットの芸術

## シラゲガヤ

### 主役級の佇まい

庭に華やかな園芸植物を植えてゆくと、いつの間にか厚ぼったい感じになりがち。こうしたとき、最先端の「グラスガーデン」のアイデアを採用するのは、いかがであろう。庭の情景に、風の動きを描き出すのだ。

日本の道ばたには、とても素晴らしいグラス類、つまり一般には迷惑雑草として駆除されるイネ科などの連中がたくさんいる。

シラゲガヤ（白毛茅）は、その名の通り、白い毛に覆われている。別名はベルベット・グラス。こちらのほうが真の姿をイメージしやすい。

イネ科植物の葉は、「冷たくて硬い」印象だが、シラゲガヤの葉は、ふわりとした優しい触感。その色彩も淡く柔和。強く立ちあがる茎ですら、白毛に覆われ、その気品に満ちた佇まいに心を惹かれる。

やがて開く花穂はいっそう「ふわふわ」。ほのかにクリームがかった色彩と、几帳面なほど整った花穂の開き方が美しく、周りの空気感を一変させてしまう。

### 鉢植えでも美しく

もとを正せば、牧草として渡来した種族で、いまでは各地の道ばた、草地で野生化している。

**シラゲガヤ**

*Holcus lanatus*

**性質**：多年生

**開花期**：6～8月

**分布**：全国
（ヨーロッパ原産）

**生命力**：★★☆

草丈は、大きなもので1mを軽く超えるが、晩春に刈りこむことで50〜70cmほどに調整できる。

採取の際は、根から掘りあげるとよい。生命力は強く、多少あらっぽく引っこ抜いても定着する。日向でも育つが、やや日陰気味で、湿り気があると大変喜ぶ。庭の片隅が地味な植物ばかりだとしたら、シラゲガヤに華やぎの演出を頼んでみたい。

高さがある、大きめの鉢植えに、数株を植えつけて「玄関わきに飾ってみようかしら」というのは、とても素晴らしいアイデアであると思う。まずは鉢植えで試し、それを眺めながら庭のレイアウトをあれこれ考えてみてはどうだろう。こぼれダネで殖えるので、整理が必要になったら根から取り除きたい。

ふわふわした花穂が美しく映える。道ばたなどに多く、休耕地では大群落になっていることも。

日陰では花穂が真っ白に見えることも。

陽光をはらむとクリーム色が目立つようになる。

# その美しき助太刀を

## ナギナタガヤ

光を捕らえれば、とても美しく輝き出すのだからたまらない。

都市の緑化植物として利用され、雑草除けとしても評価されている。〝美しい雑草除け〟など「話がうますぎませんか」といぶかる方もあろう。その通りで、ナギナタガヤは雑草たちを押しのけてゆく道すがら、自身がもりもりっと殖えてゆく。

### 装飾によし管理によし

ひとたび植えれば「庭の防衛軍」としてよく働き、よく殖えてくれるが、開花前の時期、道ばたのソレがナギナタガヤであるかどうか、見分けるのはむずかしい。

### 輝く薙刀の実力

愛する庭に「光」と「風」を飾りつけるなら、お勧めの草花がある。ナギナタガヤ（薙刀茅）は、花穂を片側だけに開く様子から命名された。英名を訳した別名は、ネズミノシッポ。どうやら海外の人々は、つぼみの姿に注目したようだ。

道ばた、草地、公園などでよく見かけ、住宅地の庭にも住みついている。草丈は30㎝ほど。小型のイネ科植物で、全体の線が細く、葉の幅など1㎜にも満たない。

群落になっても清涼な空気感を演出し、繊細な花穂がやわらかな陽

**ナギナタガヤ**

*Vulpia myuros* var. *myuros*

**性質**：1年生

**開花期**：5～6月

**分布**：本州～九州

（地中海沿岸ほか原産）

**生命力**：★★☆

間違えてほかのイネ科雑草を招いてはたまらない。とはいえ、花穂が開けば見分けやすいので、タネを狙うとよい。初夏、茶色く枯れた花穂を採取して、庭にまく。陽あたりと風通しのよい場所が、よく映える。

初めからきれいに仕立てるなら、タネを冷蔵庫で保管しておき、翌春、ポット数個にパラパラとまく。たくさん発芽したら、適当に間引きながらボリュームを整え、好きな場所へ寄せ植えに。

こぼれダネで盛んに殖えるが、華奢なので、除草も簡単。短命な植物なので、地上部をざっくり刈って済ませてもよい。

石くれが多い場所でも育つので、敷地内の寂しげな場所の、装飾と管理を本種に委ねてもよいだろう。

すべてが「シャープな線」で造形され、凛として繊細。花穂だけがふわりと軽やかに開く。

風と陰影を描き出せる「大人の装飾花」。

ほのかな色味の変化も味わい深い。

# 空間の演出家

## カラスムギ

### ムギ畑では強害草

カラスたちが仲間と会話をすべく、そのくちばしを大きく広げ……。花の姿はそんな感じである。

しかしカラスムギ（烏麦）の名は、「ヒトは食べることができず、カラスが食べるムギ」という意味。カラスムギの花は、ムギとは似ても似つかぬが、新芽や葉姿は、ムギとそっくり。そしてムギとセットで育つ。

古代日本にムギがやってきたとき、一緒についてきて、ちゃっかりムギ畑で繁栄した。現代のムギ畑でもカラスムギがセットで育ち、収穫の邪魔をしては農家からひんしゅくを買っている。それが各地で逃げ出し、いまや道ばたや荒れ地という新天地で、気ままな暮らしを謳歌している。

全体的に華奢であるため、草むらではまるで目立たず、気づかれることもない。しかし、ひとたびこのユニークな花穂を覚えると、遠くからでも分かるようになる。

大きく育ったものが枯草色に変わったときは、よく目立ち、とても見応えのある存在感を放つ。

### 片隅にまとめてみる

大きく育つと170cmくらいになるが、普通は100cm前後と中型にまとまる。

**カラスムギ**

*Avena fatua* var. *fatua*

**性質**：1年～越年生
**開花期**：4～6月
**分布**：全国
**生命力**：★★☆

河川敷の草地であれば、50㎝くらいでコンパクトにまとまっている。春に一度、草刈りが行われるためで、庭の飾りに使う場合も、なにかの作業のついでに刈りこむとよい。

大きな庭では〝主役〟として、数株を大きく育てると豪華になるが、ささやかな庭では、片隅あたりにこぢんまりと植えるとおもしろい。

カラスムギは、華奢でありながら、花穂のフォルムが非常にユニーク。しかも線が細いので、視界をふさぐことがなく、空間の広がりを演出してくれることもある。

春に根から掘りあげるか、夏にタネを採って、秋にまく。陽あたりがよい、やや乾き気味の場所を好むが、半日陰で、やや湿った場所でもがんばってくれる。

開いた花穂が風に揺れる姿が愛らしい。変わった花穂なので覚えやすくて見つけやすい。

人工的な空間ほどよく映えるかもしれない。

枯れた姿も大変美しく見栄えがする。

# 第4章 寂しい日陰を彩ってくれる野草

# 日陰を照らす美麗な逸材

## ムラサキケマン

### グレープ色のお祭り飾り

日陰の庭は、雰囲気がなんとなく重たくなりがち。そんなエリアに、この仲間を誘ってみると、思いもしなかった、日陰ならではの愉しみを堪能できる。

ムラサキケマン（紫華鬘）の名は、花の姿に由来する。華鬘《ケマン》とは、仏殿を飾る仏具のことで、花の姿がこれを思わせたようだ。

雑木林や公園、草地の道ばたなどで、ごく普通に見かける種族で、日陰で湿った環境をとても好む。

長く伸ばした筒状の花は、それぞれが思い思いに違う方を向いて咲く。その理由はよく分からないのだけれど、ユニークな花のつけ方と、鮮やかなグレープの色彩が、薄暗い場所でも美しく映える。結実も「お祭り飾り」みたいに賑やかで愉しい。

最大の魅力は、なんといってもその葉。全体の雰囲気が実にエレガントで、葉の縁が、微細に切れこむ様子はまるで羽毛のよう。その色彩も季節ごとに美しく変化する。

### 冬に採取

ムラサキケマンは、初夏に結実すると、その生涯を閉じる。後を託されたタネたちは秋に発芽して、葉姿で冬を越す。

**ムラサキケマン**

*Corydalis incisa*

**性質：**越年生
**開花期：**４～６月
**分布：**全国
**生命力：**★☆☆

このとき、鮮やかに、とてもかっこよく紅葉する。冬の間、凍えた庭をそれは美しく飾ってくれる。

採取が叶うなら、冬の暖かな日に根から掘りあげるとよい。日陰の湿った場所への移植が最善だが、陽があたる場所でも、カラカラに乾燥しなければ生き抜いてくれる。

庭にコケがあったら、真夏にタネを採取して、コケの合間にまいてみる。草丈が低い、はいまわる植物がいたら、その隙間にまいてもよいだろう。こうした場所は乾きづらく、ムラサキケマンにはうってつけ。やがて発芽し、合間で美しく紅葉して冬を越す。春先にはすっくと立ちあがり、華やかな花姿を披露する。

日陰にムラサキケマンがいてくれると、雰囲気は壮麗になる。

早春の姿。越冬中も少しずつ成長を続け、色彩と葉の形が次々と変わってゆく。とても美麗。

花期前の葉姿。あたかも美しいシダ植物のよう。

開花期にはいっそう華やぎが増す。

# 華麗な常備薬

## ユキノシタ

### 美しく、そしておいしく

ユキノシタという名前の由来には諸説ある。雪の下でも葉が枯れずに残っているので「雪の下」、雪のように白い花びらを垂れ下げる姿から「雪の舌」など。

山野の暗く湿った道ばた、岩肌などによくいるが、人里では樹木の陰、水場の周り、裏庭などに好んで植えられる。

花がとても美しく、大きく開いた花穂に、雪のように白い花をそれは華麗に飾りつける。群れて咲く様子は、文字通り、雪が舞うよう。ソラマメのような形の丸い葉も、美しい葉脈でデザインされ、これが大地を覆う姿は実に風雅。

人々がユキノシタと共に暮らし、長く愛してきた理由も、やはりその葉にある。天ぷらにすれば絶品。和え物、浸し物としてもおいしい。さらに、湿疹、しもやけ、あかぎれの治療にも使われた。

### 暗く、湿って、冷たいところが

日陰の場所で、管理が行き届かない場所があれば、ユキノシタに任せてみたい。その大きな丸い葉を、地面に張りつくように茂らせるほか、株元から地面をはいまわる茎を伸ばし、気が向いたところで根を下ろす。

**ユキノシタ**

*Saxifraga stolonifera*

**性質**：多年生
**開花期**：5～6月
**分布**：本州～九州
**生命力**：★★☆

こうして子株を殖やしてゆくので、マット状に広がり、ほかの雑草の侵入と成長を阻止してくれる。

日陰、じめじめ、涼しい場所、というのが必須条件で、陽あたりと乾燥は大の苦手。「涼しい場所」といっても、関東の真夏の蒸れくらいは耐えてみせる。

採取が叶うなら、根から掘りあげる。マット状に広がることができないと、機嫌が悪くなるので、庭、または横幅のある大きめの鉢植え（深さはさほど必要ない）に植えつける。

ときどき、たっぷり水をやれば、ゆっくりとした、けれども着実な成長を続け、晩春には華やかに咲き誇ってくれる。

ときおり、整理を兼ねた収穫を愉しんでみたい。

満開になるとまさに雪景色のよう。静謐で幽玄に庭を飾る姿はほかに代えがたい。

### 活用のヒント

**食用に**

やわらかい葉を選んで摘み、天ぷらにすると最高。または水洗い後、塩ゆでして水にさらし、水気を切って和え物に。

**民間薬に**

生の葉を揉みつぶして使うほか、軽く火であぶってから揉んでもよい。湿疹、しもやけ、軽い火傷には、あぶって揉んだものを患部に貼りつけておく。痛みを和らげるほか抗菌作用も知られる。

日陰であればコンクリの隙間でも育つ元気もの。

# 血統書つきの雑草

## ノハカタカラクサ、ミドリハカタカラクサ

### 見慣れない“清楚なブーケ”

なんとなく、ササの葉を思わせる姿がよく目立つ。ツユクサ（p.198）にとてもよく似ているけれど、花がまるで違う。普通の図鑑で紹介されることが少なく、名前が分からずモヤモヤしている人が多いもの。

トキワツユクサ（常磐露草、常盤露草）とも呼ばれる外来種で、最近、ノハカタカラクサとミドリハカタカラクサに分けられるようになった。

どちらも、全身がツヤツヤして、花色は清楚な純白。花の中心から、糸状のふわふわした花糸《かし》を立ちあげるので、こよなく美しい。

ものすごい勢いで生息地を広げているのは、真冬も活動できるからであろう。おなじみのツユクサは、秋ごろに枯れて土へ還る。しかしこの外来種は、真冬も青々とした葉を元気よく広げて越冬する。日陰の湿った場所に一大拠点を築くが、日向にはあまり出てこない。

### 種類の違い

ノハカタカラクサは、葉の裏が「暗い紫色」に染まり、ミドリハカタカラクサは、葉の裏が「緑色」。ノハカタは、結実するが繁殖力は大人しめ、ミドリハカタは、結実しないが繁殖力は強大、といわれている。

**ノハカタカラクサ**

*Tradescantia fluminensis*

**性質**：多年生
**開花期**：4～8月
**分布**：関東以西
（原産：南アメリカ）
**生命力**：★★☆

雑木林の周辺、ヤブ、日陰の斜面などを覆い尽くすことがあり、各地で駆除活動が行われている。どちらも、地上部を刈っても復活するので、根から掘りあげる必要がある。

## 愛するべきか否か

どちらの祖先も、実は園芸種と考えられており、それが変異して野生化したといわれる。つまり、美しさは折り紙つき。そして多くの植物が苦手とする、日陰とジメジメをとても好むという特性は、暗い場所を華やかに飾るオーナメントとして、うってつけではあるのだ。

いたずらに殖やすのは問題だとしても、庭にやってきたものとうまく付き合う方法がないか、実際に模索してみるのが大事である。

ノハカタカラクサ。雑木林のそばの住宅地で、しばしば勝手に居候を決めこんでいる。

葉姿（越冬時）のノハカタカラクサ。

ミドリハカタカラクサと呼ばれるタイプ。栽培されているケースも、ときおり見かける。

# うるわしき山菜の女王

## アマドコロ

### 上品な立ち姿が魅力

庭の雰囲気を一変させる、上品で流麗な姿が魅力。

アマドコロ（甘野老）の名は、その美しく気品に満ちた花の姿ではなく、あえて根に由来するからおもしろい。オニドコロ（p.90）の根とよく似ており、食べると甘味が広がるのでその名がついた。

のどかな山林や草地に住むので、山野草のイメージが強い。実際、園芸店では山野草コーナーに鎮座している。ただ、大都会や住宅地の雑木林でも見かける身近な植物である。

立ち姿がとにかく独特で、釣り竿のようにしなだれ、クリームがかった白花を豪華絢爛に飾り立てる。

つぼみの時期からすでに美しく、コロコロした白い提灯を、お行儀よくぶら下げる。いよいよ開花が始まるや、つぼみの先っぽだけ、ぴらっと開く。それが満開。

### とかく元気な女王さまで

アマドコロは、春の新芽も大変美しい。地面から、上等な筆を思わせる新芽をポコポコと出してくる。10cmくらいまで育ったときに、少し土を掘って、白い部分から収穫したものは、「山菜の女王」と呼ばれる美味な一品となる。

**アマドコロ**

*Polygonatum odoratum* var. *pluriflorum*

**性質**：多年生
**開花期**：4～5月
**分布**：北海道～九州
**生命力**：★★☆

軽く塩ゆでして、水にさらし、浸し物で愉しんだり、酢味噌や甘酢と合わせたり。優しい甘味が魅力。

そこで、自分で育て、愉しんでみたくなる。太い根を、浅いところで横に走らせているので、状況が許せば、これを採取する。個体数が少ない場所では、根の一部（5cmもあればよい）だけを袋に入れ、本体は戻すとよい。あるいは、園芸店でも気軽に購入できる。

生命力は旺盛で、数年もすれば林立する（初めの1〜2年は成長が遅い）。野生のものは日陰や半日陰、湿り気がある環境でよく見るけれど、庭では日向でも元気よく殖える。そこそこ殖えたら、根も愉しみたい。ヤマイモのような粘りと優しい甘味が持ち味。滋養強壮薬とされる。

アマドコロの葉はグラマーで幅が広く、重厚感がある。存在感は抜群。そっくりな毒草、ホウチャクソウ（p.169）もいるので注意が必要。

### 活用のヒント

**食用に**

新芽を採るときは、株元の土を軽く掘って茎が白い部分から採取する。根は、ひげ根を取り除いてよく洗い、天ぷら、炒め物、煮物などで。

**民間薬に**

秋に収穫した根は、精力増強、疲労回復、胃炎など幅広い症状に使われる。薬用酒でも利用されるが作用が非常に強いため、よく調べてから。

春の新芽。しっとりとしてやわらかく、美しい。

# 瓜二つの女王陛下

## ナルコユリ

### アマドコロと似る鳴子

ナルコユリ（鳴子百合）という名前は、素直に花の姿に由来する。鳴子《ナルコ》は田畑で鳥を追い払うための仕掛けのことで、花のつき方が鳴子を思わせるから。

山野に多く見られるが、市街地の雑木林、公園、緑地にもいる。アマドコロ（前項）と似ているけれど、違うところがいろいろある。

まずは、指先で茎をなでるとよい。ナルコユリの茎はツルッとするが、アマドコロは角ばった感触がある。「角ドコロに丸コユリ」という覚え方がよく知られる。

見慣れると、葉の幅を見ても区別がつく。ナルコユリの葉はスマートで細長く伸び、アマドコロはぽってりと幅広。

「山菜の女王」「名薬」といった誉れの高さ、園芸家の間での人気は、どちらも互いに遜色ない。庭に植える場合、どちらを選ぶかで、雰囲気がまるで違ってくる。ナルコユリは繊細さとやわらかさが持ち味。

### 違いを愉しむ方法

ナルコユリも、根の一部を採取するか、園芸店で株を買って植えるとよい。日向でも育つが、半日陰で、湿っている場所だとご機嫌になる。

ナルコユリ

*Polygonatum falcatum*

**性質**：多年生

**開花期**：５～６月

**分布**：本州～九州

**生命力**：★☆☆

根を横方向に広げたがるので、鉢植えにする場合、幅が広いものか、大きめのプランターを選ぶ。置き場所は、やはり半日陰がよい。

成長は、こちらが気を揉むほどゆるやか。根で殖えてゆくが、アマドコロが元気丸出しであるのに対し、ナルコユリはおっとり。両者を一緒に植えると、ナルコユリが完敗する。

庭の演出にも大差があって、アマドコロはグラマーでボリューム感にあふれた葉を茂らせるが、ナルコユリはほっそりした葉で、優しい感じに茂る。〝迫力ある優美さ〟を求めるならアマドコロで、〝優しい風雅さ〟ならナルコユリであろうか。

野辺にはよく似た毒草がいるので、注意したい（写真）。花期に茎の上部で枝分かれするのが特徴。

ナルコユリの葉はほっそりして優しい感じ。性質も大人しく、殖えてくれないことも。

### 活用のヒント

**食用に**

食べ方はアマドコロと同様。

**民間薬に**

江戸時代の吉原では「黄精（おうせい）売り」がやってくると、遊女たちがこぞって集まり、砂糖漬けのナルコユリの根（黄精）を買い求めた。その作用はアマドコロと似るが、精力増強、病後回復、疲労回復などに妙効があったようである。使用する場合はよく調べてから。

有毒種のホウチャクソウ。茎の上部で枝分かれする。身近に多いので要注意。

# まめまめしいという愛嬌

## カテンソウ

### 弾ける花

カテンソウ（花点草）という、かわいらしい名前の由来は定かでない。花やつぼみのまめまめしい姿から「花点」になったとする説に、なるほどとうなずく。

この植物を「地味」とするか「果てしなくかわいい」とするかは、意見がキッパリ分かれるところ。

雑木林や、ヤブのなかでよく見かける。草丈は10〜30cmほどとコンパクトで、竹林や低木の茂みで、隠遁生活を愉しむ。花がまめまめしいといったが、性格もまめで、草丈は10cm前後で、きれいに刈りこまれたように整うのである。

花粉を運ぶのは虫ではなく、風まかせ（風媒花《ふうばいか》）。ところが茂みのなかには風があまり入ってこない。この決定的な大問題の解決に、おしべをバネ仕掛けにした。自分で、おしべをピンッと弾いて大量の花粉をまき散らすのだ。簡単に観察できるので、一度は愉しんでみたい。

### 物陰を飾る

三角形状の葉が独特で、葉の縁にあるギザギザ（鋸歯《きょし》）も優しい曲線で描かれ、愛嬌たっぷり。これが群落になり、開花期を迎えると、ますます愛らしさが増してくる。

カテンソウ

*Nanocnide japonica*

**性質**：多年生

**開花期**：4〜5月

**分布**：本州〜九州

**生命力**：★☆☆

園芸的に喜ばしいのは、そのコンパクトさ。扱いやすく、邪魔にもならない。採取が叶う場合は、根から丁寧に掘りあげる。

植えつけは、日陰もしくは半日陰の場所がよい。または大きな植物が茂る場所（低木の果樹やハーブなど）の株元や、その合間に、カテンソウを植え、雑草除けとしての活躍を期待する。直射日光は大の苦手なので、ほかの植物の陰になる場所を選んであげたい（普通の植物はこれをやると枯れるのだが、カテンソウは真逆である）。

うまくすれば、まもなく株元から地べたをはう茎を伸ばし、節々から根を下ろして子株をこさえる。こうしてまめまめしくて愛らしい群落の設計が、こまめに進んでゆく。

艶のある濃厚な緑の葉と、ワイン色した小さなつぼみの色彩デザインが素晴らしい。

弾けたおしべ。中身がからっぽになっている。

小さいけれど存在感のある芸術家。活用のアイデア次第でさらなる可能性も。

# 競演の愉しみ

## ヤマミズ

ちょっとした〝山野の世界〟を

日陰の場所には、大きくなる植物を植えたくない。そんなとき、ヤマミズを庭に誘いたくなる。

ヤマミズ（山みず）は、雑木林や公園の道ばたにひっそりと群れている植物。

名前に山とあるが、平野部でも普通に見かける。「みず」は、みずみずしいという意味で、食用になる山野草の名によく使われる。単に「みず」だと、地域によって違う植物を指すが、いずれもおいしい山菜。

その点、ヤマミズは、かなりのマニアしか知らない生き物である。草丈は10cmにも満たない。やわらかな曲線を描く、小さくてかわいらしい葉を、地べたの上で優しく重ね、ひらべったく広がっている。

こぢんまりとまとまってくれるのが、わたしたちには大変ありがたい。しかも茎や葉に、鮮やかな赤みが差してくることがあり、すると〝山野の世界〟を写し出すかのような野趣が広がり、ワクワクしてくる。

小さな美しさを愉しむ

ヤマミズは短命な1年生で、タネで殖えるタイプ。

初夏のころ、採取が叶えば、根から優しく掘りあげて持ち帰る。

**ヤマミズ**

*Pilea japonica*

**性質**：1年生
**開花期**：9～10月
**分布**：宮城県以南～九州
**生命力**：★☆☆

植えつけは、日陰か半日陰に。ヤマミズはジメジメした場所を好む。見た目や育ち方はおっとりしているけれど、生命力はそこそこ強く、やや乾き気味の土でも生き抜いてみせる。鉢植えやプランターで、背が高くなる植物と寄せ植えにしても映える。

敷地の日陰（側面や北面）には、エアコンの室外機や給湯設備があったり、脚立や大きなシャベルなどを置いていることが多い。こうした「たまに人が歩く場所」には、背が低い植物たちに「管理」を委託すると、とても都合がよい。歩く邪魔にもならず、雑草除けでも活躍する。

ユキノシタ（p.162）やムラサキケマン（p.160）と競演させれば、葉姿だけでも見事に仕上がるだろう。

とても小さな日陰植物であるが、雰囲気があって、コケとの相性が抜群。

居場所が気に入ると大いに盛りあがる。

茎や葉柄に赤みが差してとても風雅。

# 日陰防衛軍の創設

## ミズヒキ

### おめでたい魔除け

ご祝儀袋などでおなじみの、紅白のひも飾り「水引」には、「封印」の意味がある。ここには「魔除け」の呪術もこめられているそうだ。

ミズヒキの極小の花をルーペでのぞくと、上の花びらが紅色で、下が透明感のある白。この紅白のコントラストが愛でられて、「水引」にたとえられた。

薄暗い、雑木林の道ばたでは、隊列を組むように整然と並んでいる。

葉の時期であると、草丈は30㎝ほどと低め。大きく広げた葉に、濃い茶色のV字模様を浮かべていたらミズヒキであろう。やがて態度も大きく茂るため、株がいくつか並ぶだけで、ほかの雑草が生えてこない。なるほど、たいした魔除けである。

開花期になると、細長い花穂をしゃなりと伸ばし、まめまめしいお花をちょんちょんとあしらって満足する。花をここまで小さくした理由が、不思議で仕方がない。

### 足場を固める防衛軍

住宅地では、しばしば勝手に住みつくが、栽培されることも多い。たいていのお宅では、木陰、北側の日陰で大きく茂る。やはり雑草除けとして、重宝しているのだろう。

**ミズヒキ**

*Persicaria filiformis*

**性質**：多年生
**開花期**：8～10月
**分布**：全国
**生命力**：★★★

紅白の、ひょろ長く伸ばした花穂には、もちろん目論見があってそうしているわけで、つまり道ゆく生き物にタネをくっつけるという、はた迷惑な役割を果たす。

秋から冬に、この完熟したタネをまくことで、日陰防衛軍の創設が始まるが、根を掘って植えつければ確実。日陰や明るい半日陰で、土が乾きづらい場所を選んであげると、手間もいらず、丈夫に育つ。

こぼれダネでよく殖えるので、「もはやこれ以上は……」となったら根から掘りあげる。根の張り具合は強めなので、素手で抜くのは苦労する。初めから大きなシャベルを使えば楽に整理できる。

花が真っ白になる品種もあり、ギンミズヒキという。

日陰の道ばたで、こうした葉が茂っていたらミズヒキである。葉の表面の模様がよいサイン。

ミズヒキの花は小さいが、不思議なほどよく目立つ。

ギンミズヒキ。しっとり清楚な雰囲気を持つ。

# 甘いカスタードの誘い

## ヒメカンスゲ

### 道ばたの春の名花

カンスゲ（寒菅）というスゲの仲間は、冬でも美しい葉を広げているのでその名がある。ここでご紹介する種族はとてもコンパクトで、ヒメカンスゲ（姫寒菅）と呼ばれる。

ヒメカンスゲの葉は、とても細く、その幅2～4㎜ほどしかない。しかし濃厚な緑色で、美しい艶に満ち、これがわしゃっと茂る様子は、わき水が勢いよくほとばしる感じで、躍動感と生命力にあふれている。

開花は、早ければ3月ごろから始まるが、その姿が大変かわいらしい。濃厚で、艶のある葉の合間から、甘いカスタードクリーム色をした、小さなブラシを思わせる花穂をつんつんと立ちあげる。とても愛らしい華やぎに満ちており、春の道ばたをさり気なく飾ってくれる。

雑木林や公園の道ばたなど、樹木の下でよく見られるほか、岩壁の割れ目で咲いていることもある。

実は大きな庭園でも育てられる名花である。

### 半日陰で愉しむ

スゲにはたくさんの仲間がいる。とりわけ、ヒメカンスゲは、飛び抜けてかわいい花を咲かせるほか、身近に多く、見つけやすい。

ヒメカンスゲ

*Carex conica*

**性質：**常緑の多年生
**開花期：**4～6月
**分布：**北海道～九州
**生命力：**★☆☆

さらに「常緑」という性質も、スゲの仲間では貴重で、真冬の間も優しく茂り続ける。採取が叶うなら、根から掘り起こすとよい。

花を愉しむなら、植える場所は、日向か半日陰がよい。この花穂の愛らしさは、やわらかな陽光をはらんだとき、最高潮に到達する。

強い陽ざしを長く受ける場所（菜園など）や、陽がほとんど差さない場所は不向きで、葉がまばらになったり、花が咲かなくなったりと、不機嫌をあらわにする。

乾燥には強く、元気に育つときれいにこんもりと茂る。やがて株元から茎を伸ばして地べたをはい、子株をこさえてゆくが、除草が必要になるほど殖えることはなかなかない。大人しく、付き合いやすい子である。

陽ざしに向かって葉を伸ばすので、日向で育つとまんべんなく葉と花茎を広げる。

木漏れ日の下では流水のように偏って伸びる。

カスタード色の花穂が早春の情景に映える。

# 雲紋、波紋、超難問

## カンアオイの仲間

### 江戸のむかしから熱狂

江戸時代、〝粋〟を愛する江戸っ子園芸家たちは、カンアオイに熱狂した。葉を愛でるために、である。

カンアオイ（寒葵）という名は、その葉姿がフタバアオイ（双葉葵：徳川家の家紋のモデル）に似ており、真冬にも青々と茂る様子から、つけられた。

山地でよく見られるが、平野部、雑木林の道ばたでも、大きな葉をぺろんと広げて暮らしている。この仲間にはたくさんのタイプがあって、地域によってもかなり違う。本気で見分けようとすると超難問で、高価な図鑑と多大な根気が必要となる。

ひとまずは、その独特な葉の色彩とフォルムで「カンアオイの仲間」であることは、すぐに分かる。

開花期も種族によって違い、冬に開花するものもいる。ただ、この花、地べたに埋まっている。落ち葉や土を退けて、初めて観賞できるという奇怪さ。花の形も奇抜だが、葉に浮かべる紋様が、とんでもなく多彩である。

### 雲紋と波紋

「亀甲紋」に「雲紋くだり藤紋様」と、葉に浮かんだ紋様（雲紋という）ごとに名前があるのだからすごい。

**カントウカンアオイ**

*Asarum nipponicum*

**性質：**多年生
**開花期：**10～2月
**分布：**関東～三重県
**生命力：**★☆☆

それぞれ雲紋のデザインがまるで違い、おのれのセンスで自由に愉しんでいるとしか思えぬほどだ。「どの雲紋の子にしようかしら」と、江戸の粋を愉しんでみるのは一興。しかし種族や地域によっては保護対象となっているので、園芸店や、通販での入手を考えたい。

とにかく日陰が大好きで、日陰であれば乾燥しても湿っていても、文句をいわぬ。育て方も「植えればよい」だけ。そのシンプルさも、江戸の園芸家を喜ばせた。

多くのカンアオイは、地べたに張りつくように葉を出すだけで、葉を立ちあげても、数十cmほど。

寡黙で成長も遅く、ほかの植物の邪魔をせず、ただじっと、庭を長く飾ってくれる。

カントウカンアオイ（関東寒葵）の花。下の写真と比べても種族によって変化が大きいのが魅力。

タマノカンアオイ（多摩の寒葵）。

ランヨウアオイ（乱葉葵）。

# 第5章
# 超難敵！　生命力抜群の面々

# 小さな時間泥棒

## カタバミ

### ハートとラッパと鬼のツノ

愛らしいハート形の葉を3枚セットにして、こんもりと茂る。その雰囲気はクローバー（シロツメクサ p.126）を思わせる。とはいえ、葉の表面に白いV字の模様を浮かべがちなクローバーと違い、カタバミにはこの模様がない。やがて、小さなレモンイエローの花をラッパみたいに咲かせたらまずカタバミである。

1年を通して見ることができ、真冬は紅葉した姿で、こぢんまりと身を縮めて過ごす。

温度があがると、律儀に開花・結実する。鬼のツノみたいな格好の結実は、時期がくるとパチパチと音を立てて爆ぜ、タネを四方八方にばらまく。これが1年を通して続き、庭に新しいタネが絶え間なく供給される。土を耕すほど、眠っていたタネが続々と発芽してくる。

カタバミ（傍食）の名は、葉の先端がへこむ様子が虫に食われたように見えることから。または夜になって葉を閉じたとき一方が欠けて見えることから、といわれる。

### 永遠のライバル

カタバミは、陽あたりのよい場所ならどこにでも現れ、果てしなくわいてくる。

**カタバミ**

*Oxalis corniculata*

**性質：**多年生
**開花期：**4～10月
**分布：**全国
**生命力：**★★★

茎をつまんで引っこ抜くと、途中でプツッと切れる。なかなかきれいに抜けてくれない。もしも根が残っていれば、まさしくド根性で何度でも再生する。その生命力は圧倒的。

根ごと抜きやすいのは、開花前、指先でつまみやすい大きさに育ったころ。再生しやすい根が真っすぐ下に伸びているので、これをまるっと取り除く。地をはう茎の節々からも根を下ろしていることがあるので、そちらにも目を光らせる。

時間を盗む小鬼、それがカタバミである。根絶に血道をあげても、恐ろしい時間を浪費するだけ。ぽつぽつと生えているくらいなら、有害性はない。ほどほどに遊ばせておく感じにしておき、大切な時間は、ほかの愉しい庭仕事にあてたい。

芽出しの姿。とてもかわいい。

カタバミは草丈が低いため、栽培植物に与える影響は少ない。それでもタネをばらまかれると厄介。

## 活用のヒント

**食用に**
茎葉のほか、花も食用にされる。よく洗ってからサラダのトッピングに、あるいは炒め物に。ただしシュウ酸を多く含むため、多食は避けたい（ゆでるとシュウ酸を減じられる）。

**民間薬に**
生の茎葉を揉んで、虫刺されや寄生性皮膚病などの患部に塗布する方法が知られてきた。

葉が紅くなる近縁種、アカカタバミ。こちらもいろんな場所に生える。結構きれい。

# 急増する時間泥棒

## オッタチカタバミ

### 続・永遠のライバル

　カタバミにはバリエーションがあるが、どれも強敵。カタバミと混同されやすいものに、オッタチカタバミ（おっ立ち傍食）がある。

　カタバミ（前項）は、よく見ると、地べたをはうように茎や葉を広げていて、草丈がとても低く、10㎝に満たない。対して、オッタチカタバミはすっくと立ちあがり、草丈は20～50㎝ほどになる。道ばたや庭、畑などでよく見られ、近年、猛烈な勢いで殖えている。

　背丈が高い分、勢いよく弾き飛ばされたタネは、カタバミのそれよりずっと遠くまで行ける。分布を広げるスピードがとても速く、近所で見かけたと思ったら、たちまち家までやってくる。

　そして、ひとたび腰をすえれば、家の周りや庭のそこらじゅうから生えてくるので厄介千万。体が大きい分、見つけやすくて抜きやすいが、除草にはちょっとしたツボがある。

### ささやかながら大きな違い

　オッタチカタバミはピンと立ちあがり、茎も太いので、株元をつまんで抜くのは簡単。だが、根の伸ばし方がカタバミと違う点に、注意が必要である。

**オッタチカタバミ**

*Oxalis dillenii*

**性質：**多年生
**開花期：**4～10月
**分布：**全国
**（北アメリカ原産）**
**生命力：**★★★

カタバミの根は真っすぐ下に伸びているが、オッタチカタバミの根は、地下数㎝のところでいきなり方向転換して横方向に伸びてゆく。これをやみくもに引っこ抜くと途中で切れて、残った部分から再生する。しかし、最初に軽く持ちあげ、根の方向をチェックしてから力をこめれば、ズルズルときれいに抜けてくれる。

使用中の鉢植えに生えてきたときは、先住の栽培種がそこそこ育ってから、土ごと出して丁寧に除去するのが最善。

なお、オッタチカタバミは外来種だが、これより花や葉の数が少なく、種子の色彩が異なる在来種に、タチカタバミがある。海外原産か国産かで差別をする必要はまったくなく、殖える前に引っこ抜く。

オッタチカタバミは、カタバミと違って地面から立ちあがり、ほかの植物にも負けじと草丈を伸ばす。いじらしくもあり、小憎らしくもあり……。

結実期のオッタチカタバミ。結実数がとんでもなく多く、殖えやすい。

タチカタバミ。オッタチカタバミと似ているが、花や葉の数が少なく、種子の色彩が異なる。

# うるわしき暴君

## ドクダミ

### ケタ違いの生命力

全身艶やかで、葉のフォルムはシャープでありながら豊満、色彩もバロック調の室内装飾品を思わせる深みと威厳に満ちる。だがその美しさは、いつ、どこからやってくるのか分からない恐怖と隣り合わせ。

筆者が気づいたときには、家の北側がドクダミで埋め尽くされていた。砂利が敷いてあるのにである。さらに、東側まで支配下に置き、果てはブロック塀をぶち抜いて壁面で花を咲かせ……。

たまに、育て方を聞かれることがある。お勧めはしませんがと断ったうえで、「根っこを数cm採取して、埋めてください」。「たったそれだけですか?」と怪訝そうな顔。それで十分です。まずは庭の一角が占拠され、5年後には全体に広がって困ったという。

プランターに植えても、根が鉢底から逃亡する。置き場所は、コンクリート床の上などに。ひとたび広がれば、始末に負えなくなる。

### 本体の攻略は

ドクダミは花を盛んに咲かせるが、タネは滅多にできない。その代わり、根で爆発的に殖える。地下の様子はまさしく縦横無尽。

**ドクダミ**

*Houttuynia cordata*

**性質**：多年生
**開花期**：5～7月
**分布**：本州～沖縄
**生命力**：★★★（規格外）

さながら都心の路線図みたいに複雑な立体交差の様相を呈する。真っ白で、まるまると太ったモヤシみたいな根には節があり、引き抜こうとするやプツッと切れる。とても厄介だが、根の本体は深さ30cmくらいに集中するので、ここを狙って掘りあげ、取り除く。これで、さすがのドクダミもしばらくは黙りこむが、根のカケラが残れば1週間で新芽を出してくる規格外の生き物なので、完全駆除は困難。美しさを活かした共存の道を求めたい。

園芸種もある。'八重咲き'はひときわ美麗だが、やはり根の一部を地面に埋めるだけで、数年後には徹底整理が必要になる。'カメレオン'は、葉に南洋風のカラフルな斑が入った魅惑種で、繁殖力は弱め。

庭や菜園では屈指の強敵、ドクダミ。秋冬の植えつけ前にごっそり根から掘り起こすとよい。名の由来は諸説あり、「毒溜め」（臭気をためこんでいる）、「毒矯め」（毒をためて取り除く）など。

### 活用のヒント

**食用に**

葉は乾燥させたり高温で調理したりすると、臭みが消えやすいので、天ぷらなどで。ドクダミ茶もクセがない。根も味噌漬けなどで。

**民間薬に**

全草を乾燥させたものは、解熱、消炎、便秘などに処方された。抽出したエキスは美肌や湿疹予防・改善の化粧水、クリームなどにも使われ活躍する。

'八重咲き'品種。繁殖力が強い。

'カメレオン'品種。繁殖力は大人しめ。

# 錆びつく花園

## アメリカフウロ

### 花の可憐さは一級品

アメリカからやってきたのでその名がある。フウロとは、日本に住む「風露草」につけられた名前で、花の様子がこれに似ていることによる。

小さな花は淡いピンク色で、フォルムも優しく、洋菓子みたいな甘い姿。葉にも美しい切れこみがあり、ひとつひとつはとてもかっこよい。

これだけ見れば「まあ素敵」と思うところだが、アメリカフウロの群落は、赤くボロボロに錆びついた鉄筋がぐにゃりと傾いた廃工場のような、ちょっと退廃的な雰囲気を隠そうともしない。つまりなにがイカンかというと、全体のバランスであろうか。30㎝くらいまで立ちあがり、茎葉を大きく伸ばして茂るや、たちまち赤く錆びつき、散らかったような姿に成り果てる。

しかも、道ばたからプランターのなかまで、人里のどこにでも入りこみ、居候を決めこむ。一度放置すれば、すべてを呑みこむ勢いで殖える。

### 飛び散る根源を根こそぎに

スキを突いていつの間にか潜りこむふてぶてしい居候であるが、完全駆除が可能である。

本種はタネで殖える。そのタネまきのアイデアは独特でおもしろい。

アメリカフウロ

*Geranium carolinianum*

**性質**：１年生

**開花期**：３～６月

**分布**：北海道、宮城以南（北アメリカ原産）

**生命力**：★★★

古代の投石器みたいなバネ仕掛けを用意して、タネを勢いよく遠くまで飛ばす。道ばたに転がったそのタネたちが、知らぬ間に靴底などにくっついて広がってゆく。

しかし、短命な1年生で、開花した年の真夏にはすっかり枯れ果てる。次世代の発芽は秋に始まる。

涼しくなった秋から冬が除草のシーズンで、地べたに張りついてる連中の根元に、草刈り鎌の先っぽを引っかけて、抜き取る。葉姿が独特なので見分けは簡単。

冬には真っ赤に紅葉し、とてもよく目立つ。あちこちに点々と散っているのでいささか手間ではあるが、すべてを抜き終えた瞬間の、なんとすがすがしいことか！　よい仕事を成し遂げたと満足。

花や葉が美しい一方、繁殖力が大変旺盛ですべてを覆い尽くすほど貪欲。

結実期。この後、バネ仕掛けでタネを遠くまで放り投げる。

秋・冬の姿。その優美さは誰もが認めるところであるが、この時期に除草すると簡単。

# オレンジの煩悶

## ナガミヒナゲシ

### どうにも世間の嫌われ者

春になると、町のあちこちでオレンジ色のお花畑が出現する。ナガミヒナゲシの仕事である。

花の姿がヒナゲシを思わせ、結実が細長く伸びるので、ナガミヒナゲシ（長実雛罌粟）の名がある。

長く厳しい冬は葉姿でやり過ごすほか、春を待ってから発芽するものもいる。地べたでのっぺりと葉を広げたそのフォルムがとても独特で、女性的なロココ調のニュアンスを漂わせ、美しいレース編みのようなデザインがとても優美。やがて開く花の色は、印象的なブラッド・オレンジで、乾いた薄い紙のような質感の花びらをふわりと広げる。

純粋な植物好きからすると、葉と花の優美さは実に称賛すべきものがある。けれども、世間では「大繁殖する外来種」という悪者のレッテルが貼られ、その美を語るのにもたいそう勇気がいる時代になった。

### マラカスのリズムは繁栄の調べ

陽あたりのよい場所から半日陰まで、与えられた環境に文句をいわず、もくもくと育つ。

特に多いのが都市部の中央分離帯、住宅地のコンクリートの割れ目、砂利が敷かれた駐車場の周り。

ナガミヒナゲシ

*Papaver dubium*

**性質**：1年生

**開花期**：4～6月

**分布**：全国
（地中海沿岸原産）

**生命力**：★★★

除草がやりづらい場所にたむろして、そこからタネをまく。

その結実は、さながらマラカスのよう。見た目だけでなく、手で揺さぶるとシャカシャカと軽快な音がする。なかには千個を軽く超えるタネが入っており、結実のてっぺんにたくさん開いた小窓からこぼれ落ちてゆく。ひと株でいくつもの花を咲かせるため、ここから旅立つタネの数は最大で12万個に及ぶ。タネの寿命は5年を超えると推定され、忘れたころに続々と発芽する。

そうして街の花壇に侵入しては、色鮮やかな花を咲かせ、園芸種と共演している。「このコントラスト、素敵だなあ」と思いつつも、庭のそれは、すみやかに引っこ抜く。タネができる前ならまだ話は簡単。

美しさと育てやすさは魅力だが、繁殖力があまりにも強大すぎて嫌われる。いまのところ2種類の帰化が知られている。

ミニサイズでも開花・結実できる。これがまた、すこぶるかわいい。

この葉姿のときに除草するとよい。タネができてしまっていたら、まき散らさないようゴミ袋などに入れる。

# ゴワゴワぺったんこ

## ゴウシュウアリタソウ

### 見栄えはしないが覚えやすい

突然、あなたのお庭にこの植物が姿を現したら、主犯はアリだと思ってよい。庭や菜園の、陽あたりがよく、やや乾燥するエリアで、ぺたぺたと広がってゆく。

ゴウシュウアリタソウ（豪州有田草）というのは、原産がオーストラリアで、「有田草」に似ているため。有田草とは佐賀県の有田で栽培された薬草で、大きく育つ。

ゴウシュウアリタソウは、車輪でぺしゃんこに潰されたみたいに地べたにへばりつくタイプ。こうすることで草刈り機の脅威からまんまと逃れている。葉の大きさは1cmたらずと小さく、縁は荒く波打ち、これを可能な限り暑苦しい雰囲気で並べ立てる。指先でつまみ、ちぎってみると、奇妙な臭いを放つ。ささやかな反抗であろう。

ぺたんこ雑草なので、庭の栽培植物に劇的なまでの悪影響を及ぼすことはない。けれどもきれいに整えた庭先にぺたくたとへばりつかれると、理由はともかく一掃したいという猛烈な衝動に駆られる。

### 抜け目ない遠謀

この種族は、次の才能をもってして、あなたの悩みのタネをまく。

ゴウシュウアリタソウ

*Dysphania pumilio*

**性質**：1年生

**開花期**：7～9月

**分布**：本州以南
（オーストラリア原産）

**生命力**：★★☆

まず、贅沢をいわぬ謙虚さ。大きく育った植物の隙間から、わずかにこぼれ落ちる陽光だけで生き残る。

次に、控えめで、微塵のように地味な花。幼いころから老熟するまで開花・結実でき、迷惑なほど生涯現役。気づいたときにはすでに無数のタネをまいている。

最後に、その花の豊富な蜜とタネの独特な香り。これらがアリを惹きつけ、タネは次の新天地へと運ばれる。見た目こそ不愛想ながら、たいした遠謀の持ち主で、その創意工夫は見事というほかない。

除草のときは、株の中心部を指先でつまみ、ぐいっと引っこ抜く。根の張りはとても浅く、簡単に抜ける。数少ない美徳として、その諦めのよさは評価できよう。

庭や畑では「ぺたんこ」になって広がる。小さなギザギザした葉が特徴的。除草は簡単。

放置すると埋め尽くすほど茂る。

結実期。わずかに触れただけでも無数のタネをぽろぽろと落とすので厄介。

# 除草は簡単、数がトホホ

## コニシキソウ

### 仕事仲間に恵まれて

まるでムカデが折り重なったような独特な姿。地べたにぺたりと張りつき、その茎を四方八方へ伸ばす。

コニシキソウ（小錦草）の特徴は、茎が赤っぽく、葉の中心あたりに筆でサッと刷いたような赤紫色の斑紋があるところ。「錦」は、近縁種である在来種のニシキソウの名から来ており、茎葉の色彩が美しいため。

外来種のコニシキソウは、よく手入れがされた庭や菜園に好んで住みつき、放置するとやたら殖える。

陽あたりがよく、やや乾燥気味の土の上では、さながらクラゲのように大きく広がることも。あるいは雑草除けシートの隙間、雑草除けの砂利を敷いた場所にも嫌味なほどあっけらかんと腰をすえる猛者である。

よくよく観察すると、いつもアリがまとわりついており、花蜜を飲み、タネを大事そうに運んでゆく。親密な配送人がいるということは、いつ、コニシキソウが庭へやってきてもおかしくないことを意味する。

### 「乳液」にご用心

コニシキソウはしたたかな生き物で、いけずをされるとやり返す。たとえば体を傷つけられると、白い乳液をほとばしらせる。これが厄介。

**コニシキソウ**

*Euphorbia maculata*

**性質：**1年生

**開花期：**6～9月

**分布：**全国
（北アメリカ原産）

**生命力：**★★★

除草は、株元の中心をつまんで引っこ抜けばよいが、素手でやるとコニシキソウの反撃（乳液）で皮膚炎を起こしやすくなる。また、庭仕事のときは、目に土ぼこりや小さな虫が入り、こする機会がとても多い。コニシキソウの乳液がついた指先でうっかり目などの粘膜に触れると、ひどい炎症を起こしかねない。必ず、革手袋などの着用を。

草刈り鎌を使う場合は、株の中心直下に鎌の先端部を差しこみ、軽く手前に引けば、根からスルリと抜ける。ストレスフリーで大変結構。

コニシキソウをやっつけると、庭は見違えるほどスッキリする。しばらくはこの安穏な暮らしを愉しめるが、忘れたころ、アリたちにまた運ばれてくるのである。

コニシキソウは、地面にぺったりと広がるほか、元気なときは大いに茂る。植物の隙間や株元、除草しづらい場所にも好んで育つ。根張りは弱いので簡単に抜ける。

コニシキソウの葉には赤紫色の斑紋があり、結実は毛に覆われる。

在来種のニシキソウ。コニシキソウより葉の斑紋がないものが多く、結実は無毛。とても美しい道草だが、近年は減少傾向。

# おいしい除草生活

## スギナ（ツクシ）

### ツクシとスギナの関係は

つるっとした坊主頭が愛らしいツクシ。早春の野辺を飾り、やがて傘を開いて胞子を飛ばす。

さて、ツクシのすぐそばに、小さな杉木立を思わせるものが立ちあがっている。それがスギナ（杉菜）。普段はこの姿で光合成にいそしみ、早春、胞子を飛ばすためにツクシを生やしてくる。しかし、繁殖力が脅威となるのは、ツクシの胞子ではなく、スギナのほう。

陽あたりがよければどんな場所でも育つ。購入した鉢植えにスギナの小さな根が混入しているだけで、大繁殖のキッカケに。節つきの根が1cmでもあれば、芽吹くことが可能。

長期にわたって定着している場合、深さ1mまでの地下空間に、根を四方八方に広げて交差させ、地上のそこらじゅうからスギナを生やす。根の生命力と繁殖力が浮世離れしたモンスター級であるため、早期発見、早期駆除が欠かせない。

### 地の底からわいて出る

対処にはポイントがある。とにかく根を丁寧に取り除くことだ。

もしも耕運機やハンドシャベルでひっかきまわし、根を滅多切りにすると、細切れになった分、増殖する。

**スギナ（ツクシ）**

*Equisetum arvense*

**性質**：多年生
**胞子拡散期**：3～4月
**分布**：北海道～九州
**生命力**：★★★

大きなシャベルで大きめの穴を掘ったら、そこに潜む根を丁寧に取り除くのが近道。とりわけ深さ30〜60cmのあたりに集中するので、ここを狙って取り除くと、いくらかへこたれて大人しくなる。

## 暮らしの知恵と注意点

ツクシはむかしから食べられているが、スギナの地上部も食材として人気が高い。

スギナをチヂミに入れると、パリパリした食感と香ばしさが際立ってとてもおいしい。ハーブティーも香味があって飲みやすいと評判である。

一方、大量摂取や長期連続利用による、アレルギー発症やビタミンB1欠乏症の恐れがあるので要注意。子どもには与えないほうが無難。

スギナは、庭や菜園では年間を通じて芽を出してくる。ひとたびはびこると、根絶はかなり困難。

### 活用のヒント

**食用に**

ツクシは茎についているハカマを取り除いて佃煮などに。それを卵とじにしても美味。スギナはよく洗ってから炒め物や焼き物に加える、乾燥させたものを野草茶にするなどして愉しまれる。

**民間薬に**

スギナを乾燥させて煎じたものは咳止め、解熱、利尿に使われる。外用では止血、皮膚疾患の対処に利用された。

ツクシ。傘を開いて胞子を飛ばす。

# 未来に向かってタネをまく

## ツユクサ

### その艶やかなる剛腕

その風味はクセがなく、とてもなめらか。酢味噌和えやお浸しにし、おかかとしょうゆで愉しめば幸せ。おいしい野草として名高い。

ツユクサ（露草）は、むかしツキクサ（着草）と呼ばれていた。花から採れる青い色素で衣などに色を〝着けた〟からである。そこから「月草」になり、いまの「露草」に変化した（他説あり）。露草の名は、その美しい花が1日でしぼんでしまう様子が、露のように儚《はかな》いから。

しかし、生き物としてのツユクサは、儚さとは縁遠い感じである。どこからともなくやってきて、栽培種の合間でニョキニョキと育ち、太い茎葉で隣人たちを押しのける。

春に発芽し、初めはゆっくり、気温が高くなるにつれて成長はぐんぐん加速する。気づいたときには栽培種がぐしゃりと押しやられ、苦しそうに身をよじる。発生する数も多く、刈りこんでも次々と再生する。

### 庭の隅で眠る者

ツユクサは、その茎を四方八方、放射状に伸ばし、その節々から根を下ろす。もしも本店が抜かれても、支店が生き残ればそれが本店と化し、新支店を増やしてゆく。

ツユクサ

*Commelina communis*

**性質**：1年生

**開花期**：6～9月

**分布**：全国

**生命力**：★★☆

たいていの場合、本店の株元をつかんで引っこ抜けば支店はもろとも抜けてくれる。系列店のすべてが抜けたかどうかを確認しておけば安心。発見や抜き取りはとてもたやすい仕事だが、取りこぼすと厄介。一番重大な問題がタネにあるので、開花前にケリをつけたい。

ツユクサは、ひと株で数千個に及ぶタネをつけると考えられている。地べたに落ちたタネは、ひとまず長い眠りにつく。タネの寿命はたいてい4〜5年ほどだが、長いと25年後でも発芽できたという報告もある。「このあいだ一掃したのに……」。忘れたころに、栽培植物の合間からニョキニョキ伸びている。むかし落ちたタネが、時限爆弾のように発芽してくるのだ。確実に整理したい。

剛腕な茎や枝がほかの植物を押しのける。放っておくと次々と株を殖やしてツユクサ畑になる。

### 活用のヒント

**食用に**

やわらかい茎葉を選んで採取し、軽く塩ゆでして流水で引きしめたら、お浸し、和え物、炒め物に。クセがないのでそのままの風味を愉しむ調理法がお勧め。

**民間薬に**

全草を乾燥させたものは、解熱、消炎、下痢止めなどに使われてきた。この場合は長く煮詰めて薬湯にする。

長寿のタネ。大きくて艶やか。

# ありがたいやら迷惑やら

## ホトケノザ

### 恵み深い道草

赤ちゃんのよだれ掛けみたいな葉を段々に重ね、その頂点に赤紫の花をぐるりと輪を描いて咲かせる。とてもユニークな姿で覚えやすい。

名前の由来は、向かい合わせの葉が、仏様がお座りになる「蓮座」（ハスの花）を思わせるから。

あらゆる場所に住みつき、とりわけよく耕された菜園や庭園にうわーっと生えてくる。プランターにもいつの間にか腰を落ちつけ、いやに愉し気な様子で瞑想に励む。

実は恵みの植物で、花蜜をたくさんこさえてハチたちにご馳走したり、光合成でつくった栄養素を根から出して土のバランスを少しずつ改善したりする、といわれる。

耕作地では除草されずに見事なお花畑になっていることも。こうした場所では折を見て耕運機をかけ、緑肥として土にすきこみ、これから育てる野菜の養分とする。ホトケノザは、秋冬に再び輪廻転生する。

### 真冬も修行に励む

開花期は、おもに春から晩春にかけて。初夏には枯れて現世から旅立つが、こぼれダネが秋に発芽。真冬も修行に励み、ポツポツと咲き、タネをこぼして殖えてゆく。

**ホトケノザ**

*Lamium amplexicaule*

**性質**：越年生

**開花期**：４～６月

**分布**：全国

**生命力**：★★★

花穂を見ると、上段には開花した花が並び、その下には丸っこいつぼみが点々と。このつぼみ、正確には「開花しない花」で、このなかで花粉を受けて結実する。やがてこぼれ落ちたタネは、アリたちに運ばれて遠くまでゆく。繁殖力が強大にすぎるので、ちょっと困る。そしてもうひとつ、「白い粉」問題がある。

季節が進むにつれ、ホトケノザたちの葉の表面に白い粉が広がるようになる。とても厄介な「うどんこ病」の症状である。いくつかの野菜などに伝染し、弱らせてしまう。

そのまま放置すると、病が蔓延する恐れがある。簡単に抜けるので、すみやかにゴミ袋などに隔離し、確実に焼却する。それが手間なら、冬の新芽のうちに来世へと送り出す。

背丈がさほど高くならず、光もさえぎらないので、園芸種との共演が見られることも。春のお花畑はひときわ美しい。

葉姿。フリル状になり、葉脈が目立つ。

うどんこ病になったホトケノザ。キュウリ、カボチャ、メロンなどに伝染する。

# 先が見えるという苦悩

## オランダミミナグサ

### それはもうネズミ算式

　庭や道ばたで、星形の小さな白い花を咲かせる植物がもこもこと茂っている。葉の表面に短い毛がふんわりと生えていたら、オランダミミナグサに違いない。毛むくじゃらなのが目印である。

　日本にはミミナグサ（耳菜草）という種族が住み、その名は葉の姿がネズミの耳を思わせることに由来する。これによく似ており、ヨーロッパから来たのでオランダがついた、といわれる。

　道ばたや庭、菜園ではおなじみの顔。草丈は30㎝ほどと小柄で、どこか肩身も狭そうにひょろりと立ちあがる姿は、なにげに自分がよそ者であることを気兼ねしているようで、ちょっとおかしい。

　しかしどこでも、確固たる陣地を築いており、常に天文学的な量の芽生えとこぼれダネを供給し続けている。彼女らを前にしたわたしたちは、文字通り腰を屈めるほかない。

### 容易なのが難儀のもと

　同じく数で押してくるカタバミ（p.182）は、「ほどほど」対応がよいと述べた。対して、オランダミミナグサは、庭から一掃しようと思えば果たせるくらいの物量である。

**オランダミミナグサ**

*Cerastium glomeratum*

**性質**：越年生
**開花期**：4～6月
**分布**：全国
（ヨーロッパ原産）
**生命力**：★★★

これがどうにもイケない。生えてきたところで、栽培植物への影響は風通しが悪くなるくらい。大事な場所だけ抜けばいいのだけれど、けむくじゃらの茎葉がわしゃわしゃと所在なく伸びている姿は、どうにもムズムズして放置できない。新芽の姿も覚えやすく「ああ、ここにもいたか」と気になっていちいち抜く。きれいになったところで、気がつけば陽が傾き、ゆっくり庭を愛でる時間が今日も吹き飛び……。

ひとたび完全駆除しても、眠っていたタネがだらだらと発芽する。庭の外からも新しいタネが供給される。

栽培種の株元あたりの風通しをよくすれば本懐を遂げると考え、相手をする時間は少なめに。もっと創作的な仕事を優先させたいもの。

オランダミミナグサは、あきれるほどよく殖え、放っておくと庭の一角を埋め尽くす。結実する前に除草したい。

オランダミミナグサの花。エレガントな星形で美しい。花びらの長さは萼片とほぼ同じ。

ミミナグサ（在来種）。花びらの長さは萼片より明らかに長い。葉のサイズも大きい。

# 迷惑で名薬

## オオバコ

### むしらず、掘る

草取りといえば、真っ先にオオバコを思い出す方もあるだろう。庭、公園、校庭の、表土がガチガチに固まった場所に生え、むしりづらくてイライラする。

見た通り、幅が広く、大きな葉をぺろんと伸ばすので、オオバコ（大葉子）の名がある。

おもな住まいは〝劣悪な〟環境で、ほかの植物が生きてゆけない場所で育つ。草むらにもいるけれど、周りに大きな植物が出てくると、音もなく姿を消す。だから、オオバコの発生をおさえる、もっともシンプルな方法は、庭をほかの植物で埋め尽くしてしまうことだ。

除草は、花穂の立ちあがる前が最適。開花すると、すぐにタネができるからだ。そこで開花前に、根から掘りあげる。白くて細い根は八方に伸び、土をガッチリつかんでいる。ただ、株元の直下、太った中心部を丁寧に掘りあげれば再生しない。地上部をむしったり刈りこんだりしても、忘れたころに復活する。

### その秘めた実力

庭にオオバコが住みついても問題はない（雨の後、うっかり踏みつけると足を滑らすことはある）。

**オオバコ**

*Plantago asiatica* var. *asiatica*

**性質**：多年生

**開花期**：5～10月

**分布**：全国

**生命力**：★★☆

迷惑雑草のイメージが強いものの、庭の園芸種に迷惑をかけることもなく、むしろ漢方や野草料理の世界では有用植物の代表格。傷のない若い葉は、クセがないどころか、噛んでいると高級キノコの香味が広がる。塩ゆでして、お浸し、サラダ、和え物のほか、炒め料理、パスタの薬味、ピザの具など、活躍の場は広い。野外では踏まれて傷んでいるが、庭や菜園で育てればおいしい葉を好きなときに利用できる。

タネはナッツのような香ばしさがあり、料理に振りかけて使えばその食感が愉しく、風味も増す。市販のノド飴にも、咳を鎮め、ノドの痛みを和らげる成分として用いられることがよくある。見慣れた雑草も、見方ひとつで世界が変わる。

庭の通路や栽培植物の合間に生えてくる。靴にくっついていたタネが落ちて芽吹くことが多い。

結実期。タネは珍重され、漢方薬にもされる。

葉姿。この中央、株元直下の根を抜けば、再生しない。

# 好機を読む天才

## クワクサ

### ときには「抜かずに待つ」

エッジの利いた鋭い姿が、雰囲気があって美しい。初夏になると、決まってつい見入ってしまう。

クワクサ（桑草）の名は、その葉のフォルムが樹木のクワの葉に似ていることから。それほどよく似ているとは思えぬが、まったく違うわけでもなく、ちょっと微妙な感じ。

開花時の姿は、ユニークというか残念な感じ。花は葉のつけ根に段々につく。雌花と雄花が肩身を寄せ合い、団子状になるが、どう見てもデコボコしたオデキのよう。庭に来る植物で、これほど奇妙な花を咲かせるものはほかになく、覚えやすい。

庭はもちろん、玄関先にプランターや鉢植えを置けば、かなりの高確率で勝手に住みつく。

そんなクワクサだが、大問題のひとつに根の張り具合がある。幼いころから旺盛に、広く、深く伸ばす。鉢植えのなかに来たら、大切な栽培種が「なにかあっても復帰できます」くらいまで育ってから抜きたい。

### 忘れたころにやってくる

クワクサが仕事を始めるのは初夏。厳しい自然界にあって、ずいぶんのんびりしたスタートなのだけれども、それがまた実に賢い。

**クワクサ**

*Fatoua villosa*

**性質**：1年生
**開花期**：9～12月
**分布**：本州～沖縄
**生命力**：★★★

日本の真夏は過酷そのもの。多くの植物たちが倒れ、あるいは長期の休眠に入るなか、クワクサはこのタイミングで大きく葉を広げ、心ゆくまで光合成を愉しむ。

秋風が吹くころ、いよいよオデキのような花を段々に咲かせる。雄花と雌花が隣り合うので受粉は間違いなく、タネをゴマンとこさえる。晩秋から冬にかけ、タネをポロポロと足元にこぼすという、とっても適当なタネまきをやったら仕事納め。

不思議なことに、一斉に発芽し、大群落となって襲ってくることがない。パラパラと、散らかって生えてくる。いっぺんに駆除されぬよう、発芽のタイミングをずらすのだ。

除草は簡単で開花前が最適。気長に付き合うのが正しい。

見慣れないハーブのような雰囲気を漂わせ、見応えはある。ここまで育つと鉢植えの隅々まで根を伸ばしているので、一度、鉢から土を出して、丁寧に除去すれば完璧。

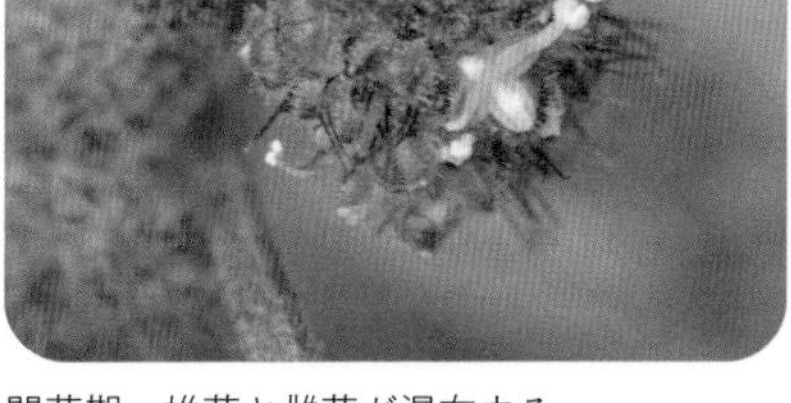

開花期。雄花と雌花が混在する。

若い苗。発芽は初夏から秋遅くまで続く。この時期にちょいちょい整理すると後が楽になる。

# その恐るべき根性

## シロザ

### 世界を揺るがすトップ10

野菜を育てている方は、シロザに注意が必要である。その生命力はちょっとズバ抜けている。

新芽の部分や葉のつけ根に白粉《おしろい》のようなお化粧をする習性があるので、シロザ（白座）の名がある。「ザ（座）」は食べられる植物を意味する「サイ（菜）」が縮まった形だと考えられている。

古代から江戸時代初期まで、シロザとその仲間（おもに次項のアカザ）は食用・薬用に栽培され、全国へ広がった。古い書物には、シロザとアカザを明確に区別したものもあるけれど、一般にはあまり区別せず、どちらもアカザと呼んできた背景があるらしい。

シロザは世界中の農地で暴れており、海外の論文では重大害草のトップ10に数えられる。こぼれダネで驚くほど殖えるほか、巨大化する（幅1m、高さ1・7mほど）。トウモロコシ、ダイズ、キュウリ、レタス、キャベツとの相性は最悪で、成長を著しく阻害し、減収を招いている。

### 特殊能力、あります

かつてシロザが栽培されたのは、たくさん収穫でき、食べやすく、栄養たっぷりだから。

**シロザ**

*Chenopodium album* var. *album*

**性質**：1年生

**開花期**：8～10月

**分布**：全国

**生命力**：★★★

土壌の養分を独り占めにして育つのだが、「根から特殊な成分を出す」ことでも、ほかの植物が栄養を吸収しにくいようにするのである。なんという根性。

場所によっては、あきれるほど生えてくるので、白いお化粧をした顔を見かけたら、小さなうちに、指でつまんで引っこ抜く。簡単にすっぽ抜けてくれるだろう。除草したら、放置せずゴミ袋に。緑肥のつもりで土に埋めても、その成分が、少なくともトウモロコシとダイズに悪影響を与えたという研究報告がある。

さて、シロザは白いというイメージがあるも、若いころ、薄紅色の粉をつけるものがいる。アカザかと思いきや、成長すると本性を現し、白色になってシロザと分かる。

よく耕す場所ほどよく発芽・成長する。大株ひと株で最大 30 万個ものタネをまく。

シロザの花。ひとときき、星状に開いて雄しべを伸ばす。

### 活用のヒント

**食用に**

おいしく食べるには、春から初夏にかけて、やわらかな葉を選んで採取。葉についた白い粉の部分を丁寧に洗ったら、塩ゆでして水にさらす。味噌、ゴマ、塩麹などと相性がよく、和え物や味噌汁の具にすると大変おいしく愉しめる。ベーコンなどと炒めてもよい。

**民間薬に**

アカザの代用として使われる。

薄紅色の化粧をしたシロザ。紅が淡く、葉の縁のギザギザが浅い。やがて白い化粧に変える。

# 紅白入り乱れ

## アカザ、コアカザ

### お化粧は紅色がお好き

葉のつけ根に紅色のお化粧をするものをアカザという。これがとても美しく、漢方では強壮薬にもなり、好んで栽培する人もいる。

アカザの特徴は、濃厚な紅いお化粧のほか、葉の縁が細かく鋭くギザギザしているところ。シロザ（前項）も同じように切れこむけれど、アカザのほうが微妙に荒い。

アカザも強い雑草で、道ばたや草地、畑地にたんと生えてくるが、まるで見かけない空白地帯も多い。シロザがやたらと生えるところではアカザを見ず、その逆も然りで、この不思議について、研究者はしばしば首をひねっている。

性質はシロザと同じく強健で、よく殖え、大型に育ち（草丈は2ｍに及ぶことも）、栽培植物を圧倒するので、早めにお引き取りを願うのがよい。もしもアカザかシロザか悩んでも、その問題は棚上げして、とりあえず引っこ抜く。

### 白いのにアカザ

庭や菜園には、もうひとつ、よく似た種族が訪ねてくるので覚えておきたい。その名をコアカザ。

草丈は30㎝ほどと小さく、葉が細長いのが大きな特徴。

**アカザ**

*Chenopodium album* var. *centrorubrum*

**性質**：１年生
**開花期**：５～10月
**分布**：全国
**生命力**：★★★

生息地ではこまめに駆除しても、なぜかしつこく顔を出してくる。

コアカザは、アカザと名がつくものの、葉のつけ根のお化粧は〝白い〟。分類学や命名法が嫌われる好例である。

## その身に秘めた可能性

アカザとコアカザは食用として評価が高い。また薬用にされてきたのも本種たちで、シロザはその代用品という立ち位置である。

そしてアカザについては、シロザのような「重大な有害性」は知られておらず、除草したら緑肥として使えそうだ。見た目はそっくりなのに、あまりにも違う。

これが、身近な自然世界のおもしろいところ。知るほどに愉しみが。

アカザ。独特な葉のフォルムと鮮烈な紅化粧は、庭園でもよく映える。個体数を整えて育ててもよい。

### 活用のヒント

**食用に**

食べ方はシロザと同様。アカザは必須アミノ酸、ビタミン類、脂肪酸類が豊富。コアカザはビタミン類と良質なたんぱく質が豊富という違いがある。

**民間薬に**

アカザは「強壮、健胃、歯の痛み止め、虫刺され」に、コアカザはもっぱら「歯の痛み止め、虫刺され」に利用されてきた。

コアカザ。お化粧は白く細長い。庭や菜園では際限なく殖えるので早めの除草を。

# きしむ足腰の音色が

## ギシギシ

### 迫力あるモダンアート

植物の名前には、おかしなものがたくさんある。ギシギシもかなり風変わり。

古い時代は之（し）と呼ばれたが、「茎と茎をこすり合わせるとギシギシと音がするからギシギシ」とも伝わる（異説あり）。試しにこすってみれば「うわぁ！」。ギチョッ、ギチョ。確かにきしむ音がする。

名前もユニークだが、姿も個性的で覚えやすい。1枚1枚の葉は、よく育てば長さ30㎝を超え、これを地べたにべろんと広げ、十重二十重と重ね合わせてゆく。

花期を迎えれば、長く伸ばした花穂に無数の小花を鈴なりに飾り、さながら巨大なモニュメント。

このギシギシがひと株、庭や菜園にやってくると、バラのひと株分ほどのスペースがまるっと奪われてしまう。さらには、こぼれダネで殖え、足の踏み場がなくなるほどのギシギシ畑となる。

### 問題はいつも根深い

ギシギシの仲間は、大株になると数万〜10万個のタネをまく。このタネ、土のなかで20年くらいは生き続けると推測されるので、結実前にどうにかしたい。

ギシギシ

*Rumex japonicus*

**性質**：多年生

**開花期**：6〜8月

**分布**：全国

**生命力**：★★☆

　さて、これを引っこ抜いてやろうと取っ組み合えば、むなしく葉がちぎれておしまい。すみやかに再生する。根から取り除く必要があり、その全容はスマートなダイコンをイメージするとよい。少なくとも地下20cm、大株なら地下40cm以上まで、太い根が伸びている。

「軽快に景気よく除草」すべく、耕運機でもかけようものなら、それこそ悲劇の幕開け。細切れになった根から新芽が芽吹き、増殖する。

　骨が折れるが、大きなシャベルで丁寧に掘り起こすのが基本。ただし根が半分くらいで折れて、土のなかに残っても大丈夫。再生できるのは根の上側（地下5〜10cm）の部分に限られる。それさえ知っておけば、足腰のギシギシも軽減できる。

開花期の草丈は１ｍを超えることが多い。開花前に根から掘りあげれば完全駆除が可能。

新芽の部分を塩ゆでしたものは「オカジュンサイ」と呼ばれ、食卓の一品にされることも。

結実期。鈴なりになった様子は大変美しい。

# 置き換わる顔ぶれ

## 外来ギシギシの仲間

### あっという間に増殖

よく目立ち、覚えやすいギシギシだが、前項で紹介した種族は、地域によっては少数派かもしれない。

というのも、身近な世界では、ヨーロッパからやってきた別種に置き換わっている。庭や菜園に潜入して、驚くほどの勢いで殖え、問題になっているのは外来種のほうが多いだろう。交雑種も激増中である。

エゾノギシギシは、身近でよく見る外来種の代表格。葉の中心を走る太い葉脈が紅色に染まっていたらエゾノギシギシである可能性が高い（ギシギシの葉脈は淡い緑色）。

都心から山村まで、広い地域に住みつき、庭や菜園でもよく見かける。大人の背丈ほどまで育ち、結実数も10万個に及ぶ。しかも長寿。大きな葉をべろべろっと広げるので、周りの栽培植物が一気に弱る。

除草の方法はギシギシと一緒で、開花する前に根から抜く。

ギシギシの仲間はたくさんあって、名前を絞りこむには「結実」を見るのが近道となる（次ページ写真）。

### さらなる驚異の進撃

もうひとつ、注意が必要なギシギシがいる。やはりヨーロッパからやってきた、ナガバギシギシだ。

**エゾノギシギシ**

*Rumex obtusifolius*

**性質**：多年生
**開花期**：6～9月
**分布**：北海道～九州
（ヨーロッパ原産）
**生命力**：★★★

見分けるには結実を見るのが早いが、葉が細長く、葉の縁が細かく波打つことでも察しがつく（ギシギシとエゾノギシギシは、葉の幅がとても広く、葉の縁がゆるやかに波打つ。実際に比べるとよく分かる）。

ナガバギシギシは、近年、街中から山村まで、恐ろしい勢いで殖えている。耕作放棄地で林立しているのもナガバや外来種同士の交雑種であることが多い。研究者の岩槻秀明氏によれば、交雑種だけでも10タイプが観察できるという（岩槻秀明、2022年ほか）。身近な雑草世界は、想像以上にしなやかに、刻々と様変わりしていることを実感する。

ひとまず庭で見かけたときは、それはもうすみやかに、根の取り除きを試してほしい（前項参照）。

ギシギシ各種が生えた場所に、耕運機をかけるとこうなる。侵入時に丁寧な除草で一掃を。

ギシギシ。縁に細かいトゲがあり、全体は丸っこい。葉は幅広で波打ちがゆるやか。

ナガバギシギシ。縁にトゲがなく丸っこい。葉が細長く伸びて激しく波打つ。

エゾノギシギシ。縁のトゲが長い。

# いろいろと甘酸っぱい

## スイバ

### 酸いも甘いも人生で

スイバは「酸い葉」と書き、茎や葉をかじると、ほのかに酸っぱい。実際に茎を折ると、結構な水分がしたたり落ちる。かつて子どもたちは遊びの最中に、大人たちは旅の道中や野良仕事の合間に、ノドや心の渇きをこれで癒した。筆者もしばしば愉しんでいる。

この茎を、よく洗ってから塩（または重曹）でゆでて、お浸しや汁物の具にする。よく似たギシギシの場合は、冬期や早春に出てくる新芽を塩（または重曹）でゆで、浸し物に。どちらも甘酸っぱいが、シュウ酸が豊富に含まれるためで、多食は体によろしくない。

さて、スイバとギシギシ（前項）の見分け方に悩む人は多い。「この葉の形は……ギシギシ。いやスイバ？」。もれなく混乱する。

スイバの古い地方名に、アカギシギシやサトギシギシといったものがある。それくらい雰囲気が似ている。アカギシギシという地方名は、スイバの特徴をよく表している。秋から春にかけて、その葉が濃い赤紫色に染まっていることが多い（開花期には緑色が強くなる）。

とはいえ、もっとも分かりやすいポイントは、葉のつけ根側。

**スイバ**

*Rumex acetosa*

**性質**：多年生

**開花期**：５～８月

**分布**：本州～沖縄

**生命力**：★★☆

スイバの場合、成長するとＶの字に突き出して「矢じり形」になるが、ギシギシの仲間はゆるやかな円弧を描くだけ。矢じり形になることは決してない。

## 野辺にあると美しい

スイバも人里付近で大いに繁栄しており、草丈は１ｍかそれ以上と大型。その身を、花や結実で美しく飾り立てるので、格式ある庭園にいても遜色ない。しかし、小さな庭で開花すると残念な感じにとっ散らかり、やたらと殖える。とても切ない。

おもな繁殖方法はこぼれダネ。成長するにつれて細い根とやや太い根をタコの足みたいに伸ばすので、除草のときは大きめのシャベルで根から丁寧に掘りあげるとよい。

スイバにはオス株（左）とメス株（右）があり、開花すると分かる。タネをつくるのはメス株だけ。

スイバの葉。つけ根側がＶ字に突き出す。

越冬時の葉姿。濃厚で高貴なワインレッド。

# その愛嬌と弾力が曲者

## ヒメスイバ

### その小さき者、あなどりがたし

ヒメスイバが住みついたところを放っておくと、あたり一面、すべてがほんのりと赤く染まって美しい。この自然美を愛でる心境になれるのは、自分の庭でない場合に限る。

スイバの仲間であるが、外来種で、見た目の印象はまるで違う。葉はとても小さく、草丈も10cmくらいと小柄。地べたの上で、まばらに葉を広げる様子はハーブのような雰囲気で、大人しそうに見える。

花期になると、愛らしい花穂をひょいと立ちあげ、30～50cmくらいになる。この花姿を見ると「なるほどスイバの仲間だなあ」と納得。

こぼれダネ（ひと株に100～千個ほど）で殖えるが、地下を走る根で殖えるほうがずっと多い。栽培植物への影響はとても少ないと見積もられているけれど、ひとたびヒメスイバだらけになった場所では、ほかの植物たちがうまく育たなくなる。

### 巻き添え注意

ヒメスイバの株元を、指でつまんで引っこ抜くと、長くつながった黄色い根が出てくる。これを手繰り寄せれば、近くに腰を下ろしていたヒメスイバの株につながっているのが分かる。

**ヒメスイバ**

*Rumex acetosella*

**性質**：多年生
**開花期**：５～８月
**分布**：全国
（ユーラシア原産）
**生命力**：★★☆

こうして芋づる式に除草するが、根の手応えがとても珍妙。まるで輪ゴムのように、ビヨンビヨンと伸び縮む感触がおもしろい。

この根が土のなかで縦横無尽に走りまわっているが、地下の浅いところ（5㎝くらい）に限られている。根をたどれば次々と最寄りのヒメスイバたちも抜けてくれる。

ときには悲劇も起こる。土のなかを走りまわるヒメスイバの根が、栽培植物の根に絡まっていることがあるのだ。特に若い苗であれば、ヒメスイバもろとも抜ける大惨事に。その悲しみを、これまで幾度乗り越えたか分からない。

それでも根は丁寧に取り除きたい。ハンドシャベルなどで細断すると、それだけ数が殖えてしまう。

ヒメスイバも放置すると地面を埋め尽くす。花穂の色が淡いのがオス株で、濃い部分がメス株。

オス株の花穂。タネはつけない。

メス株の花穂。タネをつける。

# 壮麗な毒草

## タケニグサ

### 暮らしを支えた毒草

タケニグサ（竹似草）は、見た感じ、ちっとも竹に似ていない。竹っぽいのは、茎が太く、なかが空洞なところ。

かつては庭で育てられた大型種で、葉と花の姿がとても優美。

葉には深い切れこみが入り、天狗のウチワを思わせるほど大きく広がる。この葉の裏が真っ白になるという美しいコントラストで、正体がタケニグサと分かる。

初夏には花火みたいな花を星の数ほど咲かせる。次にマメのサヤみたいな結実を、お祭り飾りのように賑々しくぶら下げる。すべてが壮麗。

別名をウジゴロシという。むかしはこの茎葉を刻んで便槽に投げ入れ、さまざまな不快害虫の発生をおさえるのに活用した。

さて、そんなタケニグサも、いまでは荒れ地やヤブに住まいを移し、たまに民家の庭にこぼれダネを落としている。

### 付き合い方が悩ましい

園芸家であれば誰でも、タケニグサの壮麗な姿に心を惹かれるもの。事実、ヨーロッパのガーデナーたちは、わざわざ輸入して育てるほど人気の園芸種なのだ。

**タケニグサ**

*Macleaya cordata*

**性質**：多年生
**開花期**：6～9月
**分布**：本州～九州
**生命力**：★★☆

　しかし日本の庭では、タケニグサと暮らすのはむずかしい。ほかの植物が迫力負けして枯れてしまうだろう。もしも向こうから庭にやってきたら、ひとつ注意がある。

　タケニグサはクサノオウ（p.222）と同じく有毒植物で、その身を傷つけられると、オレンジがかった乳液を出す。わたしたちの指先や皮膚についたり、それが粘膜に触れたりすると、炎症を起こすことがある。

　革手袋などを忘れずに着用してから、丁寧に根から取り除きたい。小さなうちならハンドシャベルで対応できるが、もしも大株になっていたら大きなシャベルを駆使しての仕事になる。

　タケニグサが生えても困らぬ、広大な庭があれば……。

草丈は 2m 以上になる。草地では群落になり、近隣にタネを飛ばして株を殖やす。

全草に刺激性が高い乳液を含む。粘膜や皮膚に炎症を起こすので、革手袋は必須。

開花期。不思議な海洋生物を思わせる姿。

若い苗の時期。このときに根から除草する。

# 危険な鎮痛薬

## クサノオウ

### 薬草で毒草

かつての日本では、この草から出る液汁をがん（癌）の鎮痛薬としていた。強い副作用があるので、いまでは一般に利用されなくなった。

クサノオウは、皮膚病を治すことから「瘡《くさ》の王」、薬効が高いことから「草の王」、あるいは、茎を切るとドロリとした乳液がにじみ出て、空気に触れると黄ばんでくることから「草の黄」とも書かれる。

身近な野辺にたくさん住んでおり、おもに田んぼや草地でよく出逢う。渋谷や原宿など、大都会の庭でもよく見かける。

淡く優しい緑色の葉は、幾何学的な切れこみがあり、ふわふわした毛で覆われ、とても美しい姿をしている。似たものがないので覚えやすい。

花もユニークで、丸っこいレモンイエローの花びらをぴらっと開くが、その中心から、緑色のメシベを天狗の鼻みたいにツンと突き出す。

### 繁殖力は弱いが要注意

花の時期に、全身を見ておくと覚えやすい。開花期はおもに春から初夏だが、秋から冬にもよく咲く。

繁殖力は、あまり問題にならない。盛んに花を咲かせるわりに、どういうわけかタネつきがすこぶる悪い。

**クサノオウ**

*Chelidonium majus* subsp. *asiatícum*

**性質**：越年生
**開花期**：4～7月、9～11月
**分布**：北海道～九州
**生命力**：★★☆

それでも広がることができるのは、クサノオウのタネをアリが好んで持ち運ぶから。つまりどこからともなく唐突に持ちこまれてくるので、覚えておく必要がある。除草のとき、注意すべきことがあるからだ。

クサノオウを折ると、乳液が出て、かつてこれが皮膚病の治療に使われたと述べたが、健康な皮膚に乳液がこびりついたり、何度となく付着したりするうちに、皮膚炎を起こすことが知られている（いまも皮膚疾患の民間薬として「外用」する人もあるが、専門家の処方なしでは大変危険である）。

庭に根を下ろしていた場合、必ず革手袋などを着用してから結実前に除草したい。注意を怠らなければ、完全駆除は容易である。

草地や畑地などに多く、場所によっては住宅地にも進出する。殖えるスピードは遅め。

玄関先などに住みつくとこんな感じになる。

越冬時の姿。やわらかな白毛に覆われ優美。

# 庭のカカト落とし

## イノコヅチの仲間

### イノシシのカカト

この果てしなく地味な植物は放っておくと相当厄介。

イノコヅチ（猪子槌）という名は、茎の姿に由来する。成長するにつれて、茎の節々が腫れたようにぷくっとふくれてくる。これがイノシシのカカトに見立てられたというのだ。よく思いつくものである。

人里の周りならどこでも、庭や家の周りの側溝にもよく生えてくる。タネがわたしたちの衣服や靴に付着して盛んに移動するのだ。

草丈は1mを超え、大きな葉をぺろんと広げてみせるが、どうにも地味で、興味を持つ人は少ない。

やがて花穂を立ちあげてくるが、さながらボロボロに錆びついたアンテナのよう。そこに多くのタネをつける。これがいわゆる「ひっつき虫」で、道ゆく人の衣服にくっつけるべく、通りに向かってしゃなりとムチみたいにしならせている。

足癖も、とても悪い。

### カカト落としの衝撃

庭や菜園に出てくるイノコヅチには2種類あって、陽あたりのよい場所に好んで育つのがヒナタイノコヅチ。林縁などの日陰を好むのがヒカゲイノコヅチ。見た目はそっくり。

**ヒナタイノコヅチ**

*Achyranthes bidentata* var. *tomentosa*

**性質**：多年生
**開花期**：８～９月
**分布**：本州～九州
**生命力**：★★☆

厄介さも変わりがないので、ここでは区別せずに話を進めたい。

タネがこぼれて殖えるが、草丈が10cmを超えてしまうと、その根は相当広く、深く伸びている。開花まで育てば、手では抜けず、大きなシャベルが必要になる。無理に抜けば根が切れて土中に残り、するともれなく復活の日を迎え、それどころか隙間なく林立するようになる。

家の側溝、玄関周りに生えると厄介千万。劣化したコンクリなど、イノシシのカカト落としで割ってくれる。しかし根から抜くことができぬため、根元から刈るしかないが、3年ほどは地味に再生してくる。

小さなうちに抜けば簡単に引っこ抜ける。人の出入りが多いお家や菜園では、なにとぞご用心。

うっかり見逃すと一帯を占拠される。こうなると根本的なリセットは大変になる。

活用のヒント

**食用に**

若い葉をしっかり塩ゆでしてからゴマ和えや炒め物で。天ぷらが美味で、エビ煎餅風味。道ばたのものではなく自然豊かなところで採取したものがよい。

**民間薬に**

この根を乾燥させたものは牛膝（ごしつ）という生薬。浄血、利尿のほか関節痛、脚気、中風などの症状緩和に用いられる。

名前の由来となった茎の節。

# 食卓で除草？

## セイヨウタンポポの仲間

### 年中無休のスタミナ植物

乾いた地べたの上で、長く伸びたギザギザした葉を美しい円を描くように重ねている。この葉の姿をじっくり見る機会は少ないだろう。ギザギザ具合には変化が多く、実は大きさもバラバラ。

タンポポにはたくさんの種類がある。育っている場所が市街地の庭であれば、セイヨウタンポポの仲間であることが多い。種族の見分けはとてもむずかしいけれど、夏の庭では比較的簡単になる。日本産タンポポの多くは夏までに枯れてしまうが、セイヨウは真夏も青々と茂る。

こうして休みなく体づくりに励むことで、ほぼ一年中、どこかで開花しており、真冬も例外ではない。

セイヨウタンポポは、ひとつの花穂に200ほどの小花をギュウギュウと並べる。その9割が見事に結実し、あのかわいい綿毛たちが、わたしたちの庭に続々と舞い降りてくる。

### ツメが甘いと復活

タンポポたちは、なわばり意識がとても強い。ひとたび葉を広げたら、意地でもその場から動かない。庭の主は、限られた地面をめぐって、頑固なタンポポたちとの場所取り合戦を強いられることになる。

**セイヨウタンポポ群**

*Taraxacum officinale agg.*

**性質**：多年生
**開花期**：4～5月
（真夏を除きほぼ通年）
**分布**：全国
（ヨーロッパ原産）
**生命力**：★★★

特にセイヨウタンポポの仲間の除草は手間がかかる。働きモノだけあって、根の大きさと深さはわたしたちの想像を軽く超える。見た目の葉の大きさはあてにならず、小さな葉姿であってもその根は長さ30㎝ほどの細いニンジンみたいに育っていることも。

その根を途中で折りでもすれば、残った部分から再生する。ハンドシャベルではひどく苦労するので、大きめのシャベルで掘る。このほうがずっと楽に済む。

セイヨウタンポポは食用・薬用植物として導入された種族である。その有用性はいまも変わらず、根はお茶やコーヒーの代用品に、葉は炒め物、花はサラダや肉料理に添えてそのまま食べることができる。

真夏を除いた年間を通じて開花・結実できる。在来タンポポと多彩な交雑種をつくる。

総苞外片（そうほうがいへん）が反り返る。

根茎は根元でも先端部でも残れば再生する。

# サラダ畑でつかまえて

## ブタナ

### 厚ぼったい葉は剛毛まみれ

花の姿はタンポポにそっくり。むかしはタンポポモドキという名前であったほど、よく似ている。

けれども花茎がろくろ首みたいにひょろひょろと長く伸びるので「タンポポ……ではなさそう」となる。

ブタナの特徴は、地べたに寝そべる葉にある。この姿もどこかタンポポを思わせるのだけれど、よく見ると、葉の表面に剛毛が、3日目の無精ヒゲみたいに荒っぽく並んでいる。葉はたらこ唇みたいに分厚く、その色も暗い緑色であることが多い。明るい黄緑系のタンポポとは違う、いかがわしさを匂わせる。

ブタナという名は、フランス語の「ブタのサラダ」を直訳したものといわれる。ブタが好んでこれを食べるかどうかは別にして、ブタナを好きにさせておくと、確かに空腹のブタも満足させるほどのサラダ畑となる。なんとしても避けたい事態だ。庭や菜園の、よく手入れがされた場所がピンポイントで狙われている。

### ブタのサラダは根こそぎ駆除

ご覧の通り、ブタナの葉は地べたに集中する。ひとたび背が高い植物に囲まれてしまうと、ブタナには打つ手がなくなり、姿を消す。

**ブタナ**

*Hypochaeris radicata*

**性質**：多年生

**開花期**：6～9月

**分布**：全国（ヨーロッパ原産）

**生命力**：★★★

一方、ブタナがたくさん生えてしまった場合、背が高い植物たちは発芽・成長がむずかしくなる。そこでブタナを一掃すべく、草刈り機や鎌で爽快にズババッと刈っても意味はない。すみやかに再生して開花・結実するので、ブタのサラダ畑は音もなく進軍を続ける。こうした場所から無数の綿毛が飛び、わたしたちの庭へ……。これは困る。

耕された場所、あるいは植物のいない通路があれば、すぐさま侵入し（あるいはすでに侵入済みのタネが眠りからさめて）、野菜や園芸種が小さなうちに、葉を広げる。

まさにこのとき、除草する。根元から取り除けば恐れるに足りない。深く伸びた根は取りこぼしても再生しない。

あらゆる場所に適応する才能に恵まれている。タネのほか、株元が分かれて殖え、密生する。

花はタンポポに似て美しい。

分厚い葉は無精ヒゲにまみれてよく目立つ。

# 大迫力のイカついアイツ

## ノゲシ、オニノゲシ

### 迫力満点の来訪者

ノゲシは1mを軽く超え、イカついトゲだらけの葉を尊大なまでに広げる大型種。

ギザギザした葉の姿が、罌粟《けし》（麻薬ゲシ）の葉に似ていることから野罌粟の名がある。

住宅地や草地では多くのノゲシが腰を下ろし、その綿毛が風に舞って、わたしたちの家までやってくる。この綿毛つきのタネは、ひとつの株で2万個ほど生産でき、タネの寿命も2〜3年くらいあるといわれる。

その葉は特徴的で、ギザギザと深く切れこみ、先端部分が大きな三角形になる。縁には細かいトゲがお行儀よく並べられ、若い葉であるとチクッとするけれど、大きな葉はふにゃっ。痛くない。それでも除草のときは革手袋をつけておきたい。

ロゼットで冬を越すので、秋から冬に根から抜くとよい。もしも茂ると、周りの栽培植物は圧倒されて、弱ってしまう。

### さらに武装する大型種

いつも引っこ抜いているわりに、ノゲシに嫌なイメージはない。図体がでかいだけに、ほかの植物たちが「とても困ってます」とサインを出すので、ああそうですかと抜く。

**ノゲシ**

*Sonchus oleraceus*

**性質**：1年〜越年生
**開花期**：4〜10月
**分布**：全国
**生命力**：★★☆

そっくりな大型種にオニノゲシがいる。

サイズから花の姿までよく似ているけれど、イカつさはノゲシの比ではない。葉の切れこみはゆるやかで、先端部は大きな三角形にならぬ。全身を鋭いトゲで武装しており、うっかり素手で握ると思いっきり悲鳴をあげることになる。

やはり綿毛の姿で庭にやってくるが、ノゲシに比べると訪問数はとても少ない印象（地域による）。大きく育つので早めに対処するとよい。

ロゼットの姿でも区別できる（写真下段）。オニノゲシのロゼットは息を呑むほど美しく、さながら西欧の野菜のよう。しかし、素手で触るとやはり痛い。しっかりと革手袋を着用して、根から掘り起こせば完璧。

ノゲシは、大型種なのにフットワークはとても軽やか。どこにでも潜りこみ、うららかに葉を広げる。

庭の片隅に潜りこんだノゲシ。その姿は残念ながら、庭の主の好みに合うことが少ない。

ノゲシのロゼット。葉の先端が三角形。

オニノゲシのロゼット。トゲトゲしている。

# 鬼たちの宴

## オニタビラコの仲間

### 足元の鬼の子祭り

オニタビラコの仲間は、とても小さなタンポポみたいな花をたくさん咲かせる。葉の姿もギザギザしていて、やはりタンポポのそれを思わせる。「よく見るけれど、名前をわざわざ調べようと思わない」という雑草の代表格である。

いつの間にか庭やプランターに潜りこんでは、のびのびと葉を広げる。栽培種をぐいぐい押しのける、わたしたちの天敵である。

漢字で書くと鬼田平子。田平子は、田んぼで育つ、葉をひらべったく広げた小さな植物につけられた名。よく目にする姿はまさにそんな感じで、「鬼」がついているのは、大きく育つことを表す。

開花期がとても長く、春から冬まで続くので、いつもどこかでひと花咲かせている。やがて実るタネには、愛らしい綿毛が飾られ、無数の子どもたちが空の旅に出る。

これを迎撃する防空システムでもない限り、除草は続く。

### 赤鬼と青鬼

鬼には赤鬼・青鬼があるように、最近、オニタビラコもアカとアオに分けられるようになった。簡単に見分けるには、葉を見るとよい。

アオオニタビラコ

*Youngia japonica* subsp. *japonica*

性質：多年生

開花期：4～11月

分布：全国

生命力：★★☆

表面にツヤがなくゴワゴワしていたらアカオニ。ツヤがあってテカテカしていればアオオニ、である。

どちらも一年中見ることができ、冬も葉姿で越冬する（写真）。秋冬の間にしっかり見慣れておいたら、株元を握って引っこ抜く。開花前に除草すれば安心。

## 鬼たちの祝福

アカとアオには意外な活用法がある。やわらかな葉をよく水洗いしてサラダに加えたり、軽く塩ゆでしてお浸しや和え物にしたりすると、ほろ苦いキクの風味を愉しめる。乾燥させて煎じたものは解熱・解毒・鎮痛の作用が知られ、食中毒や流行性感冒のときもこのお茶が症状を和らげるとして、珍重されてきた。

アカオニタビラコ。葉はゴワゴワ。ツヤはない。

アオオニタビラコ。葉にツヤがある。

アカオニタビラコの越冬。ごわごわした雰囲気で、葉に赤みが差す。

アオオニタビラコの越冬。みずみずしく青々と茂る。

# 園芸植物の哀歌

## ハルジオン、ヒメジョオン

### 愛されて、そして嫌われて

ハルジオン（春紫苑）は、大正時代に「珍しい園芸植物」としてアメリカから輸入された。小さな目玉焼きみたいな花をたくさん咲かせ、とても愛嬌がある植物である。

日本でも持ち前の生命力を発揮して、瞬く間に道ばたの雑草になった。綿毛を飛ばして殖えるので、やってくるときは、一度にたくさん。ふと気がつけば、庭や鉢植えにちょこんと入りこみ、葉をべろんと広げて日向ぼっこを愉しんでいる。この葉姿が、恐ろしく地味で、見分けづらいし、覚えづらい。

その見た目こそ地味だが、生存本能は、ギフテッド級。環境によって、また本人の生育状態に応じて、1年で満足して枯れることもあれば、多年生となることもある。恐ろしい異才の持ち主といえよう。

### そっくりだが別、でも同じ

ハルジオンと瓜二つの植物に、ヒメジョオン（姫女苑）がある。見分けやすいポイントは、葉のつけ根の太さ（次ページ写真）。

性質も違い、ハルジオンは多年生になることもできるが、タネが少なめ。ヒメジョオンは短命な1年〜越年生だが、莫大なタネをばらまく。

**ハルジオン**

*Erigeron philadelphicus*

**性質**：多年生、または1年〜越年生
**開花期**：3〜12月
**分布**：全国（北アメリカ原産）
**生命力**：★★★

それでもわたしたちが「やるべきこと」は同じで、見つけ次第、お引き取り願う。繁殖力が強大なのだ。

どちらとも、草刈り鎌で地上部を刈っても、根が生きていれば再生する。特にハルジオンは、タネつきが悪い代わり、地下で根を伸ばして子株をつくる能力を持つ。この根をできるだけきれいに取り除くには、面倒でもハンドシャベルを使うのが効果的である。

ハルジオンもヒメジョオンも、小さなうちは、引っこ抜いてもきれいに抜けないことがよくある。ハンドシャベルか草刈り鎌を使って、その先端を株の直下に滑りこませ、少し持ちあげる。根が浮いたと感じたら、反対の手でぐいと引き抜けばきれいさっぱり。

ハルジオンが生えた場所の手入れを怠ると、いくらでも殖えてしまう。たまの手入れだけでも十分に抑制できる。

ハルジオンの葉。そのつけ根は茎を抱く。

ヒメジョオンの葉。そのつけ根は細くなる。

# のっぽ型綿毛生産機

## ヒメムカシヨモギ、オオアレチノギク

### 飛び散る巨人

　道を歩けばどこにでもいる、非常に地味な巨大植物である。ヒメムカシヨモギは、草丈が50cmくらいのものから180cmを超えるものまで。荒れ地、空き家、耕作放棄地では隙間もないほど密集して群舞する外来種。ここからとんでもない数の綿毛を、高い位置から風に乗せ、ずっと遠くにあるまだ見ぬ楽園（わたしたちの庭や鉢植え）を目指す。

　綿毛の波状攻撃は延々と続くので、対抗しようと思うなら、常に心を強く持つ必要がある。しかし朗報もあって、抜くのがとても簡単。ハルジオンたちと同じく、株元を握って威勢よく引っこ抜くと、ズボッと爽快、極まりなし。この感触はいささかクセになるほど。

　姿を覚えて、結実する前に抜くのが最適だが、遅れても構わない。いずれにせよ外から綿毛が飛んでくる。気長に、爽快な手応えを愉しむという心構えで。

### そっくり雑草三昧

　ヒメムカシヨモギとそっくりなものに、オオアレチノギクがある。

　前項のハルジオンやヒメジョオンの関係と同じく、よく似ているけれど、生きざまや容姿が異なる。

**ヒメムカシヨモギ**

*Erigeron canadensis*

**性質**：1年～越年生
**開花期**：7～10月
**分布**：全国
（北アメリカ原産）
**生命力**：★★☆

形の点でいえば、ヒメムカシヨモギの葉はザラザラするけれど、オオアレチノギクはふんわりとした肌触り。よく似た植物でも、こうした微妙な違いがあることを知ると、親近感や愛着がふわりとわいてくる。

冬を迎えるころ、ヒメとオオアレチは、ハルジオンたちとそっくりな葉を広げ、厳しい冬をやり過ごそうとしている。このときこそ除草シーズンとなる。鎌の先で根を浮かせ、反対の手で根こそぎ抜く。

写真下段に、狙うべき葉姿をご紹介しておく。細かい違いはひとまず置いて、その雰囲気だけでもつかんでおけば便利である。

ハルジオン、ヒメジョオンのロゼットと一緒に、見かけたらちょいちょい整理しておきたい。

ヒメムカシヨモギは、自分の花粉で結実する。ひと株で生産するタネの量は最大で 62 万個に及ぶ。放置すると際限なく殖えてゆく。

ヒメムカシヨモギ。切れこみが丸っこく、葉脈に赤みが差す。

オオアレチノギク。切れこみが浅く波打ち、葉脈は黄緑色。

# 憑りつき盗り尽くす

## コセンダングサ

### 骨っぽくて態度がでかい

これほど性質の悪いキャッチセールスもない。なにしろ家までついてくるのだ。

センダングサ（栴檀草）には多くの仲間がいる。葉の姿が樹木のセンダンに似ていることから、この名がついた。すると、コセンダングサは「サイズがコンパクトな草」かと思いきや、かなりでっかい。

およそ100〜160cm以上と、大人の身の丈ほどにも育つ。サイズばかりか態度も横柄で、幅の広い葉と、やたら骨ばった花穂を思う存分、大きく広げる。しかも集団生活をとても好み、仲間で地面を埋め尽くし、あらゆる栄養を盗り尽くす。

おもにあなたの衣服や靴にくっついてきたタネが、そこらじゅうからポコポコと発芽する。小さなころから態度がでかいので、その姿は覚えやすいだろう。除草は簡単で、もしも大きく育ってしまっても、土がやわらかいなら、爽快な手応えでズボッと抜ける。

### 絶え間のない訪問

花期はだらだらと長く続き、その都度、タネがまかれる。タネは「ひっつき虫」と呼ばれるタイプで、先っぽにトゲがある。

**コセンダングサ**

*Bidens pilosa* var. *pilosa*

**性質**：1年〜多年生
**開花期**：9〜11月
**分布**：本州〜沖縄
（熱帯アメリカ原産）
**生命力**：★★★

このトゲに、さらに細かい「逆向きのトゲ」を並べ立てるという繊細な手仕事ぶりで、衣服はもちろん、動物などの細い毛にもひっかかる。

秋の散策シーズン、家族の誰かが、友人が、あるいは近所のネコが、コセンダングサのタネを庭にまいてくれている。つまり侵入を阻むのは大変むずかしいので、葉姿を覚えておき、早めに発見するのがキモになる。

さて、コセンダングサの花には目立つ花びらはないけれど、小さな白い花びらをつける仲間もいる。これをコシロノセンダングサという。地域によってはこちらが主流になり、地面を埋め尽くす勢いで殖えている。対処の方法はコセンダングサと一緒で、早期発見・早期駆除が、庭の平和に欠かせない。

コセンダングサは暖地だと多年生になる。無節操に殖えるため庭や菜園の天敵となる。

コセンダングサ。花びらはない。

コシロノセンダングサ。白い花びらが目立つ。

# 黄金の大群衆は

## セイタカアワダチソウ

### なわばりづくりの大天才

秋になると、河川敷や空き地がこの花穂で華やかな黄金色に染まる。その勢いは確かに圧倒的。

セイタカアワダチソウ（背高泡立草）は、ひとつひとつが頑丈なうえ、数で攻めてくるタイプ。自分の周りに次々と子株をこさえて、数年で隙間なく林立する。さながら町を埋め尽くす大群衆のよう。その根からは特殊な物質が放出され、するとほかの植物はうまく発芽できず、あるいは成長を邪魔されてうまく育つことができなくなる。

当面の厄介さは、開花前の葉姿があまりにも地味なこと。覚えづらいし、慣れないうちは庭で伸びてきてもすぐにそれと分からない。

幸い、花の姿だけは独特なので覚えやすい。もうひとつ幸運なことに、花が咲いてから除草しても遅くはない。つまり大事なのは、気がついたら引っこ抜くこと。

### シンプルな対処が最大の防御

セイタカアワダチソウは、名前の通り、その気になれば2mを軽く超えて巨大化できる。ひと株で生産するタネの数は、1万から5万超。1m四方の群落があれば、単純計算で400万個以上と、途方もない。

セイタカアワダチソウ

*Solidago altissima*

**性質**：多年生

**開花期**：10～12月

**分布**：全国

（北アメリカ原産）

**生命力**：★★★

その綿毛を、とても高く伸ばした花穂から秋風に乗せる。どうりで庭に落ちてくるわけである。

タネでの繁殖のほか、根でも殖える。地下5～10㎝あたりに横へ伸びた根があって、そのあちこちから新芽を出す。この性質を知ったうえで叩くと効果的。

ひとりぼっちで一本立ちしていたら、株元を握って引っこ抜けば、まるっと抜ける。もしも根の一部が残ると再生するので、抜いた穴のなかをよく見ておきたい。

近くに数株以上が立っている場合、その根はすでに広い範囲に伸びている可能性が高い。しっかりやるなら、大きなシャベルで穴を掘り、きれいに掘りあげる。またはひとまず引っこ抜き、再生したらそれも抜く。

すでに「日本の秋の風物詩」と化した。壮麗な花穂は天ぷらなどで愉しむことができる。

葉は明るい黄緑で細長い。

越冬時の姿。このときに根から抜く。

# ボロまみれの挽歌

## ノボロギク

### 意外なところがボロいので

野に咲くノボロギク（野襤褸菊）とは、またひどい名前をもらったものである。どのあたりがボロかというと、花の姿がボロいのである。

ノボロギクは、いつごろ満開になったのかがよく分からず、そもそもいつ開花したのかもはっきりしない。一見、つぼみかと思えば、すでに満開になっていることもある。

ただ、よく花穂を見れば、咲いているかどうかが分かる。未熟なものはうなだれているが、開花のときは立ちあがる。

やがて、満開が過ぎてもなお、咲いている花が残っている状態で、早くも綿毛を伸ばし始める。咲いている花の合間に、綿毛がもこもこしてくるので、かなりとっ散らかった感じになる。確かにボロっぽい。

そもそもボロギクとは、山野に育つサワギクの別名で、やはり開花中に綿毛をこさえるのでボロっぽく見える。これによく似て、野辺に育つものをノボロギクと命名したようだ（異説あり）。

### 365日休みなく

ノボロギクは葉姿で覚えやすいという、珍しい雑草である。その葉は小さいくせに、いかがわしさ満点。

**ノボロギク**

*Senecio vulgaris*

**性質：**1年～越年生
**開花期：**ほぼ通年
**分布：**全国
（ヨーロッパ原産）
**生命力：**★★★

ギザギザと深く切れこみ、濃い緑色で、いやにゴツゴツした感じ。しかし、じっくり眺めておると、どことなく珊瑚のような流麗さも匂わせ、ちょっときれいだなあと思う。

荒れ地や野辺で大勢の仲間と暮らしているが、大都市や宅地の道ばたにも数え切れぬほど住む。綿毛の姿で、庭や菜園にもよくやってくる。

よく目立ち、除草も簡単で、つまんでポイ。ただ、見逃すとマズい。繁殖力がすさまじく、あたり一帯を埋め尽くすことなぞ、ノボロギクには実にたやすい仕事である。

夏や冬に長期休暇を取らないのも大きな特徴。スキあらば発芽し、気が向けば開花・結実する精力家。いつもどこかでひと花咲かせて、あなたのお庭を狙っている。

繁殖力がとても旺盛。よく手入れをする庭でも、いつの間にか腰を下ろしている。

場所を問わず生き抜く生命力がすさまじい。

若い苗。珊瑚のような雰囲気があって美しい。

# 「工夫しない」という発想

## ハキダメギク

### 奇抜な花が目印

ボロギクに続くお話は、ハキダメギク（掃溜菊）である。このずいぶんなお名前は、そのまんま、発見場所に由来する。東京は世田谷の掃き溜めで見つかったから。

草丈は20cmくらいのものが多く、大きく育っても40cmほど。住宅地であれば、空き家、側溝、歩道の敷石の隙間にたくさん住みつき、菜園などにも好んで定着するのでひとしきり苦労させられる。

小さな草のわりに、葉っぱだけは大きくて幅が広い。その色彩は淡い黄緑色で、ちょっとかっこよい。色に敏感な人なら、葉の色がほかの植物とは明らかに違うと気づく。

花がとても特徴的である。白い花びらはちっこい「山」の字形で、これを4〜5枚ほど、隙間をあけて実に適当な感じで並べる。このような奇抜で手抜きなデザインを採用している植物は滅多にない。

### グルメな雑草

ハキダメギクは、あえて手間をかけずに繁栄する種族である。繁殖はタネで行うが、タネに綿毛をつけて飛ばすようなことはなく、そこらへんにポロポロと落としておしまい。この適当さがなんと功を奏する。

**ハキダメギク**

*Galinsoga quadriradiata*

**性質**：1年生
**開花期**：6〜11月
**分布**：全国
（熱帯アメリカ原産）
**生命力**：★★☆

実際、庭や菜園では、うっかり見落としたり、しばらく手入れをしない間にタネを落とされたりすると、長いお付き合いを強いられてしまう。春になり、気温が高くなると、次々に、だらだらと発芽を続ける。これらをすべて引っこ抜いても気は抜けない。ほかの眠っていたタネが目を覚まして、2回戦、3回戦を挑んでくるのである。

劣悪な道ばたや掃き溜めでも元気にやってゆけるが、本当はグルメな植物で、栄養豊富な菜園や庭園が大好き。わたしたちのお庭がハキダメギクの掃き溜めとならぬよう、タネをつける前になんとしても見つけたい。

除草法はシンプルで、株元をつまんで引っこ抜く。

拡散する能力は低いが、定着すると長居をするタイプ。放置するとどんどん殖える。

葉の形や雰囲気は育つ環境によって若干変わってくる。こちらは葉が太い。

こちらは葉が細い。

# ツートンのモンスター

## ウラジロチチコグサ

### 見るも無残なパッチワーク

庭や畑を持つ人にとって、「新しい天敵」の到来である。この広がり方と殖え方はモンスター級。

ウラジロチチコグサは、文字通り、葉の裏が白い。へら状の葉を、気だるそうにべろんと広げ、どこかだらしない感じで重ね合わせる。この姿で1年の多くを過ごしているので、まずはこの姿を覚えたい。

これが庭にやってくるとどうなるか……。その脅威のほどは、近所の公園で確認できる。地べたに点々と、そしてゴマンとへばりつく様子は、見栄えのしないパッチワークというか、ひしゃげてぐしゃりと潰れたクラゲの軍団というか、デタラメでカオスでべっとりした張りつき具合たるや、見るも無残。

やがてここから地味な花穂を伸ばし、小さな綿毛を飛ばし、スキあらばわたしたちの庭に舞い降りてくる。ひとつ、ふたつではない。

訪問してくるときは、決まって一度に〝たくさん〟。

### 早い対処で大難を退ける

ウラジロチチコグサは、葉姿で越冬する。冬、閑散としてすっきりした庭やプランターに、ウラジロチチコグサの気配がないか確認したい。

**ウラジロチチコグサ**

*Gamochaeta coarctata*

**性質：**1年〜越年生
**開花期：**4〜8月
**分布：**関東以西〜九州
（北アメリカ原産）
**生命力：**★★★

発見したら、素手での除草はお勧めしない。ぺたんこ状態にあると、たとえば指先で株の中心をつまんで抜こうとしても、葉がちぎれるだけ。本体である根っこを残すと復活戦を挑んでくるため、根こそぎ駆除する必要がなんとしてもある。

ハンドシャベルや草刈り鎌を使って丁寧に抜き取る。早めに対処することで、愛する庭が近所の草地や公園のように、みすぼらしくも暑苦しいパッチワークで埋め尽くされる惨劇には至らずに済む。

ひとたび庭をきれいにしても、警戒は怠らずに。連中は住宅地のいたるところに広がってしまったので、あらゆる方角から綿毛の波状攻撃をかけてくる。侵入は許しても、繁栄は断固阻止の心構えで。

拡散力と生命力がとても強く、瞬く間に広がる姿に驚かされる。要注意雑草のひとつ。

葉の裏や茎が白いのが特徴。

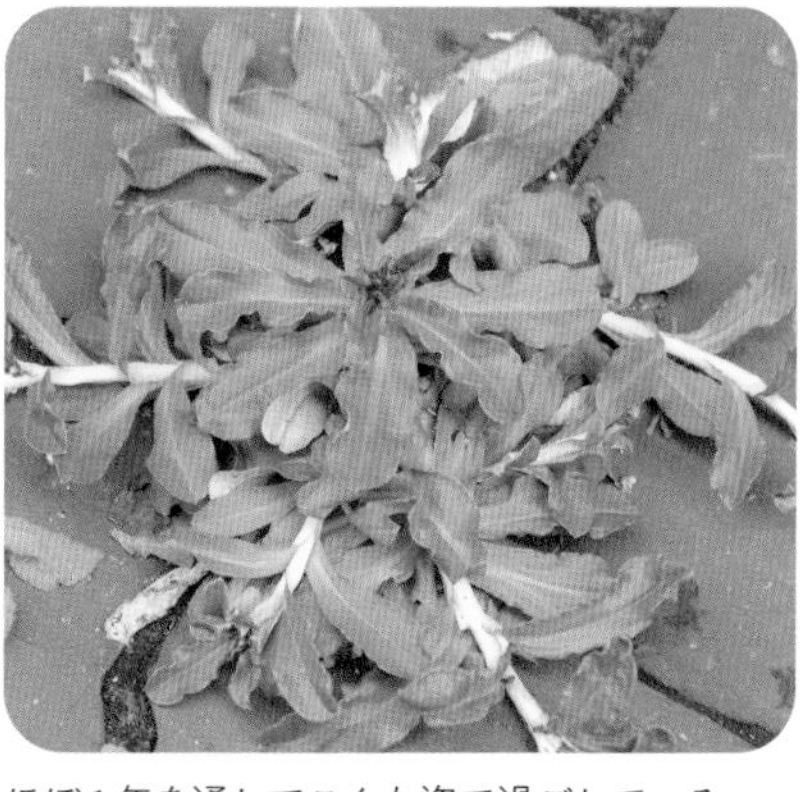

ほぼ１年を通してこんな姿で過ごしている。

# 果てしない地下の攻防

## ヨモギ

### どこからともなく、どこまでも

善燃草と書いてヨモギと読む。葉の裏は美しい白毛で覆われ、真っ白に見える。この葉を乾燥させてから裏の毛だけを集め、お灸のモグサやたきつけの火種としたという（本来はオオヨモギなど別種を使っていた可能性が高い）。そこから善く燃える草と書かれるようになった。

四方草とも書く。筆者には、こちらがしっくりくる。四方に向かって生い茂る様子を表しているが、八方草、いや上下左右草と読んでも足りぬほど、はびこって仕方がない。

庭や菜園では、無限とも思えるほど殖えてゆく。地球の地面の底では、ヨモギは全部つながっているのではないかと思うほど。どれほど根を整理しても、新しい根がいくらでもわいてくる。ドクダミもひどいけれど、根が白くて太いので見つけやすい。スギナやヨモギの根は土気色で、しかもやたら細いので、見つけづらいわ、すぐにちぎれるわで、本当にイライラする。

### いくつかの美点

ヨモギの数少ない美点としては、タネつきが悪いこと。秋になると、パッとしない花を鈴なりに咲かせるが、2割ほどしか結実しない。

ヨモギ

*Artemisia indica* var. *maximowiczii*

性質：多年生

開花期：9～10月

分布：全国

生命力：★★★

次の美点は「根が浅い」こと。ヨモギは少量のこぼれダネと無限大の根を伸ばして殖え、特に根から盛んに新芽を出す。この根源は地下10cmほどに集中している。手軽なハンドシャベルの射程内に収まっているのは、ひとまずありがたい。

一方、地下で縦横無尽と張りめぐらされた根が、栽培植物の根に絡んでいることも少なくない。たまにヨモギの根を引っ張っていたら、栽培種までもがズボッと抜け、声にならぬ悲鳴をあげる。

最後の美点は、薬用・食用になること。ひとたび収穫しても、別の場所から新芽を出すので、いつまでも収穫を愉しめる。野菜や園芸種がこうだといいのに……。ぶつくさいいながらぶちぶち引っこ抜く。

ヨモギは成長につれて葉の色や形を変えてゆく。また地域ごとに違う種族が混在する。早めに地道に根を除くと、抑制できる。

## 活用のヒント

**食用に**

やわらかな葉を摘み、よく水洗いしてから天ぷらが美味。または軽く塩ゆでして水にさらし、お浸しや和え物で。

**民間薬に**

全草を乾燥して煎じたものは鎮痛作用があるとされ、腹痛、腰痛、腫れ物の治療に使われてきた。庭仕事での虫刺されや切り傷に、生の葉を揉んであてることも行われている。

新芽の姿。草餅や天ぷらで愉しむ最適の時期。

# あの抗原はよく眠る

## ブタクサ

### 知らない植物になった時代

ブタクサ（豚草）は、英語圏での俗称「Hogweed」をそのまま翻訳した名前といわれる。Hogは確かに家畜のブタのことだが、しかし「この草のどのあたりがブタなのか」がはっきりせず、モヤモヤする。

一方で、海外でHogweedというと「粗い毛に覆われた植物」。つまりいくつもの植物を指す総称である。英語圏のブタクサの通称はRagweed。Ragには「ぼろ」の意味があり、「嫌われ者」という暗喩がこめられているようだ。

そんなブタクサといえば花粉症。

筆者が子どものころは、そこらじゅうで茂り、アレルギーのある子なぞは遠目からでも見事に見分け、近寄ることすらしなかった。それが長きにわたる駆除のお陰で、いまや住宅地から姿を消している。河川敷や荒廃地の片隅で、どうにか群落を維持している感じだ。ブタクサの名に恐怖を覚えるも、その姿を見たことがないという人も増えている。

### 好機をひたすら待つ狡知

植物の世界では、何十年も姿を消していたのに、あるときぶわっと復活する連中が少なくない。ブタクサたちも、きっとその手を使う。

**ブタクサ**

*Ambrosia artemisiifolia*

**性質**：1年生

**開花期**：7～10月

**分布**：全国
（北アメリカ原産）

**生命力**：★★☆

英名では「ぼろ」と呼ばれるが、レース模様のように繊細な切れこみが入った葉は、とても美しい。よく似た雰囲気の植物は多くあるが、ブタクサの場合、葉に細かい毛をたくさん生やしている。ふわふわの毛皮のコートみたいでちょっとゴージャスな感じがとてもよい。

この葉姿に気がついたら、開花する前に根から引っこ抜く。もしも開花してしまったら、安易に手を出さず、アレルギーがない人に頼む。

生命力は強く、条件がよければひと株で6万5千個ものタネをばらまく。身近で減ったのは、大勢のボランティアのおかげだが、油断はできない。過去に莫大なタネがまかれ、その寿命は40年ほど。この時限爆弾がいつ起動するのか、誰も知らない。

草丈は１ｍほどになり、流麗な葉を大きく広げる。開花さえしなければ庭の装飾に加えたい逸品。

葉の切れこみは、ゆるやかな曲線で構成される。

開花期。粘り気のある花粉をふんだんにまく。

# うっそうと茂る巨大抗原

## オオブタクサ

### 巨大なアレルゲンの進撃

普通の人が見たら、樹木だと思うだろう。草丈は低いもので1mくらい。たいていは3mほどで、大きくなると6mまで育つという。

さらに驚くのは、この草が1年生であること。春先に芽生えた小さな株が、秋には数mまで育つのだ。特に湿気が多い初夏を迎えるころ、恐ろしいほど急激な成長を見せる。

オオブタクサは、その名の通りブタクサの仲間で、巨大化するものをいう。葉の姿はまるで違い、樹木のクワの葉を思わせるが、花の姿はブタクサとそっくり。

見上げるような高みから、花粉アレルギーの元凶となる粘り気たっぷりの花粉をスプリンクラーのようにまき散らし、季節の風を真っ黄色に染めてみせる。

おもな生息地は川岸であったが、最近は宅地の雑木林や空き地で増殖し、乱立する。花粉に敏感な人には恐怖の進撃以外のなにものでもない。

### 見た目と違う〝地味な〟作戦

壮大に林立するオオブタクサの軍団に、ひとたび繁栄のチャンスを与えてしまうと、その駆除には何年もかかる。しかも完全に駆除できるという保証がない。

**オオブタクサ**

*Ambrosia trifida*

**性質：**1年生
**開花期：**7～9月
**分布：**北海道～九州
（北アメリカ原産）
**生命力：**★★★

そんなオオブタクサたちの戦略は、意外と地味。巨大化することにすべての栄養を費やしたせいか、ひと株がこさえるタネは300個にも満たない（ただ、その1割でも発芽したら大変）。代わりに寿命を長くしたようで、20年ほどは眠って暮らせる。この地味な時限爆弾方式はなかなか効果的なようだ。開発が止まった場所、手入れが放棄された土地で一斉に目を覚ます。しばしの天下を謳歌しつつ、次世代のタネをまく。

ただ、小さなころから態度がでかいので、目につきやすく、スポッと抜ける。初夏までは、成長がとてもゆるやかだから、たとえ数が多くてもぼちぼち抜けば十分間に合う。まずその姿を知り、開花する前に一掃。これがもっとも強固な防御法。

宅地の雑木林や開発放棄地などでも大群生することが増えた。早期駆除で難を逃れたい。

葉姿。クワの葉に似る印象的な姿。

開花期。風が完全に黄ばむほどの花粉をまく。

# 埋めて除草

## メヒシバ

### だらだら攻撃

その見た目は、ガリガリに痩せこけたススキをコンパクトにした感じ。あるいはハゲ散らかした竹ぼうきのよう。やたら骨っぽいシンプルさが持ち味だが、あまりにも味気ないことから、除草される。

メヒシバは、庭や鉢植えの隅っこに、いつの間にか居候を決めこむ名手。しかも子孫繁栄のタネをゴマンとばらまいてゆくものだから、とても困る。非常に困る。

見つけ次第、ブチブチッと引っこ抜くが、春から秋にかけて、だらだらと発芽が続き、次々とわいてくるのでキリがない。地表で四方八方に伸ばした茎からも根を下ろすので、除草も手間。見た目はヤワなのに、根の張り方がしぶとく、諦めが悪い。すっきり抜けず、イライラする。

街中の空き地が、メヒシバで埋め尽くされている光景をよく目にする。繁殖力がとても強いので、そうなる前に退出をお願いしたい。

### 貧相な子だくさん

メヒシバは1年生で、タネをつける前に引っこ抜けば沈黙する。見た目こそ貧相だが、結実すると、ひとつの株がこさえるタネの数は3千〜8千個に達する。

**メヒシバ**

*Digitaria ciliaris*

**性質性質：**1 年生
**開花期：**7 〜 10 月
**分布：**全国
**生命力：**★★★

タネの寿命は１～２年と短く、地下５㎝より深く埋められると、そのほとんどが発芽できずに死滅する傾向がある。つまり季節ごとに庭や畑を耕すだけでも、相当量のタネを埋葬できるのだ。これは、ひたすら除草を強いられるよりもずっと楽。特に秋の植え付け前、土壌の天地返しをすると効果的だという報告もある。

## 意外な美

メヒシバは紅葉した姿が大変美しい。初夏までは淡い緑色をしていたものが、晩秋には濃厚な赤ワイン色にその装いを変える。ちょっとした花材のアレンジに使えば、秋の情感も豊かなテーブルフラワーとなる。その飾り気のなさが、かえって魅力に変貌する。

一度メヒシバが優位に立つと、ほかの植物が生えてこない。厄介な迷惑雑草だが荒れ地にあると美しい。

茎は細くて丈夫。節々から根を下ろす。株元近くが赤くなる傾向もある。

晩秋の紅葉。秋のテーブルフラワーやアレンジメントで活躍する。

# マッチョはズバッと

## オヒシバ

### オスとメスの大きな違い

オヒシバを漢字で書くと雄日芝。日芝は、日がよくあたる場所に生える芝に似た植物という意で、本種はとても頑丈そうに見えるので、雄がついた。メヒシバ（雌日芝、前項）は、オヒシバに比べると優しく見えるから。名前はよく似ているけれど、血縁関係はかなり遠い。

見た目はメヒシバに似ている（イネ科の植物はどれもこれもよく似ていると思われるだろう。実際まったくその通りである）。しかし株元の茎を見ると、剛腕を思わせる図太さで、いかにもマッチョっぽくツヤツヤしている（メヒシバの茎はずっと細い。前項写真）。花穂の姿を見ても、太くてトゲトゲ。魔物の鋭いツメのよう。

コンクリートの割れ目や砂利道でも元気よく育つほか、手入れが行き届いた庭や菜園も愛してやまない。

関東でもたいそう暴れているが、温暖な西日本地域ではいっそう深刻なようだ。なにしろひと株がこさえるタネの数が7千個を超えるという。

### 対マッチョの決戦は初夏

オヒシバはメヒシバと同様、やたらと殖える。そしてどちらも、根の張り方が厄介である。

オヒシバ

*Eleusine indica*

**性質**：1年生
**開花期**：7～10月
**分布**：全国
**生命力**：★★★

メヒシバは、根が細めでベリベリバリバリッと抜けるが、全部抜けきった感じがなく、後味が悪い。

対してオヒシバは、根が太く、大地を力いっぱいつかんでいる。大きく育つと素手で抜くのも困難に。強靭な根を壮大に下ろすので、そばに栽培植物がいた場合、オヒシバもろとも抜けてしまうこともある（または栽培植物の根を傷める）。

オヒシバが庭や菜園ではびこると、こうした実に痛ましい事件が続発するため、惨事を避けるべく、早めの発見と除草が欠かせない。

小さなうちは、なかなか爽快に抜けてくれる。5月くらいから発芽が始まり、6〜7月には抜きやすいサイズになる。この時期に気持ちよく、ズバッッと。

茎と花穂が太くてよく目立つ。メヒシバと同様、埋め尽くすほど茂るので注意が必要。

株元の姿。メヒシバよりも茎は図太くてツヤツヤ。赤みが差すこともない。

土が固い場所では大きなシャベルで掘りあげる。株の中心部の根を確実に除去したい。

# 甘く、そして危険なしっぽ

## チガヤ

### 舞い踊る白銀のしっぽ

千の茅と書いて、チガヤと読む。つまり「埋め尽くすように広がる植物」というイメージで間違いない。

その姿はイネの葉を思わせる。つまり、一般的には「目立つ特徴がない」。それでも開花期を迎えれば「ああ、道ばたのアレね」となる。

ネコのしっぽみたいな、白銀色のふわふわした花穂をピンと立てる。その数が尋常でなく、数え切れぬほどの白銀のしっぽたちが季節の風に遊ぶ。その風情は優美。

草地、コンビニの植えこみ、定食屋の花壇に多いが、とりわけ市街地の緑地帯や斜面で群舞する。なかには、斜面などの土が崩れぬよう、人が植えたチガヤもある。チガヤはその期待に見事、応えてみせる。

こうして身近のあらゆる場所にチガヤが群れており、やがてタネをつけた綿毛が天高く舞いあがる。もれなくわたしたちの庭や菜園にそっと舞い降り、新しい楽園づくりに精を出す。これが実に困る。

### 走りまわって貫通する

チガヤはタネで殖えるほか、根からも新芽を出す。トンネル工事がお得意で、根の動きは活発。地上部が枯れた真冬でも成長を続けている。

**チガヤ（フシゲチガヤ）**

*Imperata cylindrica* var. *koenigii*

**性質：**多年生
**開花期：**5～6月、10～11月
**分布：**全国
**生命力：**★★★

この根が広がると、樹木すら衰弱してくる。ものすごいことに、根の先端が槍のようにとがり、ほかの植物の太い根をなんなく貫通してしまう。つまり庭や菜園に「決していてはイケない」植物なのである。

チガヤの根には、細いヒゲ根と、太めの根がある。除草するには、地下30cmくらいまで掘り、太い根を丁寧に取り除く。これでだいぶ落ちつくはずである。

この厄介すぎる根を、興味本位で噛んでみたことがある。とても優しい甘味が広がって、ちょっと幸せな気持ちになった。むかし、子どもたちは遊びがてらこれを採り、オヤツにしたという。若い花穂も甘くておいしい。いまだ葉の合間に隠れている状態が特に甘い。

若い花穂は薄い茶色。タネができると白髪になる。乾燥させた根は消炎、止血薬にされる。

葉姿。覚えておくとよいが極めて覚えづらい。

薄い膜にくるまれた状態の若い花穂が甘い。

# 安定のポロリ

## エノコログサ

### ネコジャラシの悪夢

ふわふわした犬のしっぽみたいな花穂が愛らしいエノコログサ。名前の由来もそのまんまで、花穂の姿が犬のしっぽに見立てられた。別名がネコジャラシで、こちらのほうが有名。

庭を耕したり鉢植えを準備したりすると、頼まないのに生えてくる。わたしたちの衣服、靴底、野良猫の毛などにくっついたタネが、運悪くわたしたちの愛すべき聖域にぽろりとこぼれて落ちたわけである。

むかし、我が家の庭を半年ほど放置したことがある。足の踏み場がないほど生い茂ったのが、メヒシバ（p.254）とエノコログサの2種。どちらも腰より高く、元気よく育ち、タネをまいた。翌年以降の除草はご想像の通り、悪夢そのもの。

陽あたりのよい場所で、大勢の仲間たちに囲まれて暮らすことに生きる喜びを見出している。野辺にあると大変美しいが、鉢植えや庭先を埋め尽くされるのは困る。

### 夏が来る前に

写真のような姿を見かけたら、とりあえず草刈り鎌を取りにいこう。鎌の先端を土に差しこんで、根元からぐいっと持ちあげるようにして取り除く。

**エノコログサ**

*Setaria viridis* var. *viridis*

**性質**：１年生
**開花期**：６～９月
**分布**：全国
**生命力**：★★★

真夏になるとタネをつける。この時期にガサガサやれば、周囲にタネがぽろぽろとこぼれて落ちる。結果的に大量のタネまきを手伝わされるはめになるので、初夏の開花期か、その前に整理するのがとてもよい。

## 豊富な色彩

身近にいるエノコログサは、実は5種類ほどが混ざって暮らしている（ただし、地域差がある）。花穂の毛が豪華なゴールドに輝くもの、シックなパープルに染まるものなどがあって、花材として人気がある。野辺でタネを採取して鉢植えなどにまけば、元気よく育ち、自宅で花穂の収穫もできる。もしきれいに管理して株立ちを整えれば、庭のオーナメントとしても活躍するだろう。

エノコログサは、庭や菜園にもかなりの頻度で生えてくる。タネをつける前に除草するのが最大のポイント。

キンエノコロ。野辺や荒れ地にごく普通にいる。

ムラサキエノコロ。野辺や市街地でたまにいる。

# 草むらの帝王

## ススキ

### それはススキかオギか

庭いじりをする人の多くは、ススキが美しい植物であることを認めつつ、決して警戒を怠らない。

ススキの語源は不明。それでもススキといえば誰でもすぐに分かるという点で、珍しい植物といえる。

ここにちょっとした問題が静かに横たわっている。多くの人がススキだと思っている植物のなかには「オギ（荻）」が少なからず混ざっている（次ページ写真）。ススキの花穂は黄金色か紫色になるが、オギは白銀色。けれどもススキは花穂の色を気ままに変える性質があるので、白い花穂をつけることもある。幾度となく筆者も騙された。

葉の縁を、注意深く「そっと」触れば違いが分かる。ススキは指先を切り裂くほどギザギザするが、オギはそこまで鋭くない。精査するなら花穂を見る。結実する部分から長い毛が伸びていたらススキである。

### 支配権をめぐる戦い

ススキは大型の植物で、生命力をたぎらせ、周りの環境を支配する「草むらの帝王」。屈強な雑草たちを押しのけて成長できるほどなので、ススキが育つと、周りの園芸植物は青息吐息になってゆく。

**ススキ**

*Miscanthus sinensis*

**性質：**多年生
**開花期：**8～10月
**分布：**全国
**生命力：**★★★

ススキを相手にする場合は、革手袋と大きなシャベルが欠かせない。葉の縁がギザギザするのはシリコンの結晶が並んでいるため。つまりガラス片で武装していると考えてもらってよい。むやみに引っこ抜こうとして、赤い血潮をほとばしらせる人々が後を絶たない。

草刈り鎌で刈っても、すぐに復活する。根を掘る以外に手はない。深く広く根を伸ばしているので、大きなシャベルに頼る。発芽した場所が、貴重なバラや愛すべきユリのそばだと悲劇そのもの。少なからず彼らを傷めてしまうが、この犠牲は仕方ない。放置すればますます大株に育ち、どんどん始末に負えなくなる。

この帝王は野にあれば勇壮だが、小さな庭では暴君。

ススキの親株は、地下の根から子株をたくさんつくって巨大な株となる。

ススキの花穂。色は黄金色から紫色が多い。

オギの花穂。色は白銀色。花に長毛はない。

# かわいいスズメはよく群れる

## スズメノカタビラの仲間

### シンプルな美は屈強の調べ

その名前がとても愛らしい。雀の帷子《かたびら》と書き、花穂の小花が重なり合う姿が、着物の襟を合わせた様子によく似ている。そしてすべてが小さなことから雀がつけられた。

草丈は10～30㎝ほど。その姿があまりにもシンプルで、人の興味をまるで惹かない。そのため、知らぬうちにスズメノカタビラたちの繁殖に手を貸している。

庭にも鉢植えにも入りこみ、乾燥していようが湿り気たっぷりだろうが、ひとたび身を置いたところならどこでも、仲間を殖やすことに熱中する。放置されたコンテナや花壇では、こんもりと茂り、もこもこの大群落になっていることがよくある。

草地では草刈り機でバリバリッと刈られ、畑では耕運機でみじん切りにされることが多い。こうしてできた茎と根の断片から見事な再生を遂げるため、結果的にその数を殖やす手助けをしていることになる。

### ご退出は袋詰めで

なかでも、住宅地や街中など、やや乾燥気味の場所を好む連中を、ツルスズメノカタビラという。とりわけ増殖力に定評があり、細断するほど再生して殖える能力が高い。

ツルスズメノカタビラ

*Poa annua* var. *reptans*

性質：1年～多年生

開花期：ほぼ通年

分布：全国

（ヨーロッパ原産）

生命力：★★★

しかし、根から丁寧に引っこ抜くと、あえなく沈黙する。根の断片をできるだけ残さないようにするとよいだろう。

　除草して土の上に放置すると、ご想像の通り見事な復活を遂げる。ゴミ袋に詰めこむのが賢明。

## 雑草除けの天然芝生

　この仲間たちは、タネで殖えるほか、ランナーという、地上をはいまわる茎から根を下ろしてその数を殖やす。好きにさせておくと、周りに仲間を殖やしてこんもりと茂る。コロニーになると、ほかの大型雑草が出てこなくなる。雑草除けになる雑草で、ちょっとしたもこもこ群落に仕立てるのもおもしろいだろう。意外と美しいのだ。

ツルスズメノカタビラは、地べたをはう茎を伸ばして子株を殖やすので群生しやすい。草刈り鎌で茎を切断すると、断片からも殖えてしまう。

ツルスズメノカタビラの全身。やわらかくて優しい印象。

在来のスズメノカタビラ。きれいに茂ると大変美しい植物である。里山の田んぼに住む。

# 風雅な強者

## カゼクサ

### イネ科の美

その風雅な名は、江戸時代に伝わった中国名「知風草《ちふうそう》」に由来する。日本では「風知草《ふうちそう》」とも称され、「カゼクサ」に変わった。なお現在、「風知草」と呼ばれる植物は別にあり、その標準和名は「ウラハグサ」。

ともあれカゼクサが、そよ風のささやきすらつかまえて優しく揺れる姿に、この名前はよく似合う。

大きな花穂を真っすぐに立ちあげるが、その重さや風のせいで、やや傾いていることも多い。

踏み跡の多い道ばたに群れ、秋の虫の音色が軽やかに響くなか、やわらかな陽光をはらんで輝く姿は、わたしたちの郷愁と美意識をいたく爪弾いてくれる。

常に踏みつけられる場所で生き残るだけあって、根の張り方が尋常ではない。大人の剛腕をもって引っ張っても、葉がちぎれるだけか、あるいは手の皮が裂けるだけ。

### 庭と相談

その美しさには一目置くとしても、カゼクサがやってくると、狭い庭は占領されてしまう。普段は生えてこない場所でも、近所に公園や草地があるのなら、いつ訪問してくるか分からない。

**カゼクサ**

*Eragrostis ferruginea*

**性質**：多年生

**開花期**：8～11月

**分布**：本州～九州

**生命力**：★★☆

お引き取りを願うなら、ハンドシャベルでどうにか対抗できるサイズのうちに対処したい。

大株になってしまったら、大きなシャベルを持ち出して掘りあげる。そうそう大株にはならないと思われるかもしれぬが、「ひとまず地上部を刈ろう」とやってしまう例がよくある。カゼクサは多年生で、根が残ると次第に大株になってゆく。

広い庭であれば、陽のあたる一角で残しておいてもよいだろう。イギリスなどのガーデニング大国では、ずいぶん前からイネ科などの「シンプルな植物」を重用している。そんなグラスガーデン向きの大型雑草は、日本の道ばたにたくさん。野辺の散策が、大型園芸店を歩くがごとく、ワクワクしたものになるとよい。

斜面や田のあぜ道を維持するのに有用な植物。一方、庭や菜園で殖えると厄介な一面もある。このサイズまで育つと、大きなシャベルが必要に。

シャープで繊細なフォルムはとても美しい。

茎葉は見た目より頑丈で強固。素手で扱うのは避けたほうがよい。

# 巨大な繊維作物の正体

## イチビ

### 注目の巨大種

この機会に覚えておきたい、話題の雑草のひとつ。

イチビ（伊知比）の名の由来は、はっきりしない。全身のやわらかな毛を集めて火口に使ったので「灯火（うちび）」と呼び、それが変化した説などがある。

草丈は1～2mほどで、最大で4mに達する。道ばた、荒れ地のほか、畑地に多発して農家をひどく悩ませている。

すべての造作が独特で、図太い茎をしっかりと立ちあげ、ウチワのような丸い葉をべろんと広げる。全体がやわらかな毛に覆われ、触感はふわふわして気持ちよい。

花がとても美しく、艶のあるレモンイエローで、結実の姿も現代アート風。すべてがユニークで装飾的だが、その猛威は思案ものである。

### 半世紀の長きにわたり

そもそもイチビは平安時代より前に、強い繊維を採るために持ちこまれ、一時的に栽培もされた。つまりその体は強靭な繊維でできているため、引っこ抜くのはとても簡単。わたしたちが送りこむすべての力が、そのまま根に伝わるので、ズボッと爽快に抜けてくれる。

イチビ

*Abutilon theophrasti*

**性質：**1年生

**開花期：**8～10月

**分布：**全国

（インド原産）

**生命力：**★★★

問題を起こすのは、もっぱらタネである。ひと株がこさえるその数は、少なくて700個、最大で1万7千個に及ぶ。これが一斉に芽を出すならまだしも、計算されたかのように時期をずらして発芽する。タネの寿命は50年を超えるといわれ、その間、延々と、バラバラと、生えてくるのでキリがない。ひとたび定着すると、完全駆除が極めてむずかしくなる厄介さがある。

菜園などで見つけたら、早めに抜くか、ひとまず花を愉しんでから、結実する前に抜く。そうすればこれから半世紀にわたる長い戦いを避けることができる。

いまのイチビたちは、古くからいる種族もあれば、最近になって入ってきた海外種も多いようである。

問題を起こしているのは近年海外から持ちこまれた種族のようで、繁殖力が高く要注意。

姿がユニークなのでよく目立ち覚えやすい。

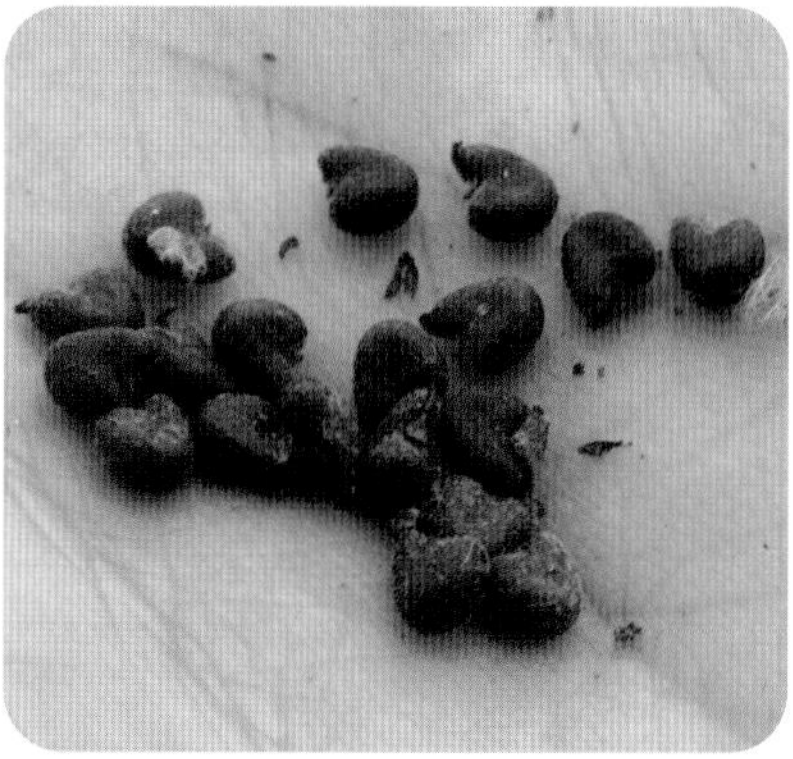

タネ。大きくて寿命も長い。

# 世紀をまたぐ大繁栄

## ワルナスビ

### 厄介なトゲトゲ大王

　ワルナスビ（悪茄子）という名は、「なんて悪さをするナスだ！」という発見者の心の叫びから来ている。日本で本種を発見した牧野富太郎博士が、詳しく調べるために栽培してみたところ、見る間に殖えて始末に困ったそうだ。

　かつては牧場や畑で見られるといわれたが、いまではあらゆる場所に住みついている。とても鋭いトゲで全身を武装しており、白や淡い紫色をした星形の花をどうだといわんばかりに大きく広げる。見るからにふてぶてしくて、覚えやすい。

　ひとたび侵入を許せば、ツツジくらいなら枯らしてしまうほか、たった半年で根絶が困難になってしまう。早期発見が不可欠となるが、小さなころからトゲトゲしておるのでよく目立つのはよい。しかし、この初期の除草方法の選択を誤れば、恐ろしい惨劇を招くことになる。

### 世紀を超えて繁栄する

　その侵入に気づき、除草する場合、株の大きさの数倍は大きく、深く掘る必要がある。土ごとガバッと掘りあげたら、少しずつ土を崩して、根を〝すべて〟探し出し、ゴミ袋に詰める（放置すると復活する）。

**ワルナスビ**

*Solanum carolinense*

**性質**：多年生
**開花期**：6～10月
**分布**：全国
（北アメリカ原産）
**生命力**：★★★

わずか２㎜の根の断片さえあれば、ワルナスビはすべてを初めからやり直せる。根は横方向に長く伸ばして子株をこさえるほか、地下１～３ｍまで深く潜る。どちらも小さな断片があれば再生するので、大きなシャベルで滅多切りにしたり、耕運機などをかけたりしようものなら、星の数ほど殖えてしまう。

秋には極小の黄トマトのような、ちびナスビをぶら下げる。ここにタネがひしめいており、その総量はひと株で最大２千個。これらは一斉にではなく、忘れたころにだらだらと発芽を続ける。さて、それがいつまで続くのかといえば、ごく控えめに見積もって１００年以上だそうだ。この恐ろしさ、誰もが決して体験すべきではない。

完熟していない堆肥などに、種子や根の断片が混入していることがある。早期発見で難を逃れたい。

葉は波打ち、凶悪なトゲがよく目立つ。

完熟した結実。ひとつの実にタネは40～80個。

# あの顔は独裁者の微笑

## ヒルガオの仲間

### 獲物を狙う魔手

昼顔は、かわいい顔をして、相当にエグい独裁者である。

昼間に開花するので昼顔というが、朝早くからひと花咲かせている。ヒルガオにも種類があるけれど、どれもアサガオと違って滅多なことでは結実しない。その代わり、根を伸ばすことで際限なく殖える。

ひとたび腰をすえると、そこらじゅうから新芽を出して、地べたをはいまわり、あるいは栽培植物をキツく縛りあげるようにグルグル巻きにする。そうして陽光を奪われた植物たちは、見ていて痛ましいほどひょろひょろになるか、志半ばにして枯れてしまう。するとヒルガオは、次の獲物を狙って魔手を伸ばす。

おもな侵入経路は意外なところにある。買った鉢植えに根の一部が混入しているか、他所から入れた土に、やはり根の一部が混ざっていたことによる。いつわたしたちの庭にやってきてもおかしくない。

### 果てしのない地下帝国

ヒルガオは夏の植物だと思われがちだが、発生地では冬も新芽を出し、菜園の冬野菜に絡んでいる。

これを阻止するには、根を叩くほかない。

**ヒルガオ**

*Calystegia pubescens*

**性質**：つる性の多年生
**開花期**：６～８月
**分布**：北海道～九州
**生命力**：★★★

根の勢力圏は地下20㎝くらい。さほど深くはないが、縦横無尽に走りまわる。厄介なのは、根を細断するとその分殖えるだけでなく、こっそり、根のあちこちを自分で枯らして分裂してゆくこと。根はすべてつながっているわけではない。わたしたちが一掃したと思っても、その先に分裂した根が寝ているのである。こちらの手の内をすっかり読まれているようで、まことに空恐ろしい。

春から秋までは、ひとまず株元あたりをハンドシャベルで掘り起こして、見つけた根を取れるだけ取る。本格的に根を追いまわすなら、栽培種が休息に入った冬がよい。大きなシャベルで穴を掘り、「真っ白な根」を丁寧にたどってゆく。わたしたちにできるのはそれくらいなのだ。

ヒルガオ。花柄(矢印)がツルッとしている。

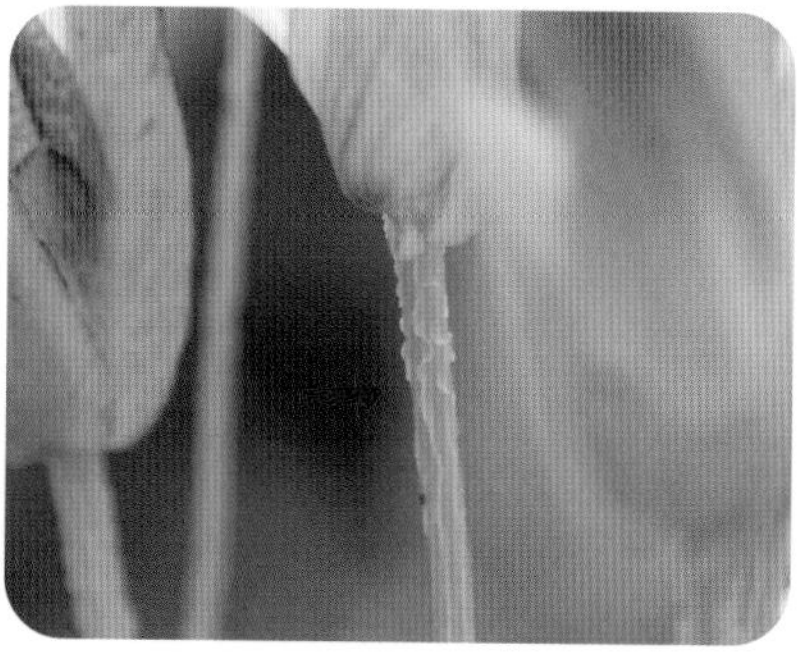

コヒルガオ。花柄(矢印)に波形の隆起がある。ヒルガオと同じような場所に生えて迷惑なほど殖えるので対処法は同じ。

### 活用のヒント

**民間薬に**

毒虫に刺されたとき、いやに痛くて腫れあがることがある。とりわけブユやムカデにやられると、痛くて腫れて、熱くなる。そのとき、ヒルガオの葉を丁寧に揉んで、刺された場所に貼りつける(その上から絆創膏を貼って固定してもよい)と、次第に熱っぽさがなくなり、痛みもいくらか引いてくる。経験上、応急処置でよく活躍した。ヤブ蚊に刺されたときも使っている。

ヒルガオ。美しさは認めるものの、暴れ出すと大変。

# この顔ぶれにご用心

## アメリカアサガオの仲間

### あの顔、その顔

アサガオ（朝顔）は、朝に咲いて昼を待たずにしぼむので、この名がある。早く受粉を済ませた顔は、あなたが庭に出る前にしぼんでいる。花粉を運ぶ来客（昆虫）が来ないと、やや困惑した顔で昼まで咲いている。

園芸種のアサガオは、野生化するものもあるが、いまのところ比較的大人しいふるまいを見せている。

しかし、野生のアサガオとなるとまるで別物。アメリカアサガオやマルバアメリカアサガオは、決して褒められた性格ではない。顔つきは園芸種とほとんど同じだが、花の下を見れば区別できる（次ページ写真）。

非道徳的なほどの生命力と繁殖力で、各地の農家から「駆除が困難な強害草」として恐れられる。しかし小さな菜園や庭園なら、心の準備があれば平和を守ることができる。

### わたしたちの対抗策

第一に恐ろしいのは、その魅惑的な顔である。色彩は澄んだ青紫のものから、赤紫、桃色、白まで多彩。花つきも多く、花期も長く、しかも勝手に殖えてくれる。当然、庭や菜園にタネをまきたい衝動に駆られる人が続出しているけれど、トラブルのタネをまくのだと心得たい。

**アメリカアサガオ**

*Ipomoea hederacea* var. *hederacea*

**性質**：つる性の１年生

**開花期**：８～10月

**分布**：関東以西～沖縄（熱帯アメリカ原産）

**生命力**：★★★

第二に、繁殖力。ひと株がこさえるタネの数は数万個に及び、寿命も数年と長い。これが庭にこぼれ落ちるほか、近隣にも転がってゆく。さらに除草したものをどこかに積んでおくと、未熟なタネは刈られた後でも生き続け、やがて完熟し、ついには発芽する。

第三は、株元を刈っても再生すること。この株元の組織がいやに頑丈で、たくさん切っていると刃物のほうが痛んでしまうほど。高価な農耕器具の刃もやられてしまう。

アメリカアサガオやマルバアメリカアサガオは比較的「新顔」に見えるかもしれないが、すでに全国各地にはびこっており、注意が必要。幸いなことに、発見したときに根から抜けば、大難は退けられる。

マルバアメリカアサガオの大群落。アメリカアサガオと同じく各地で猛威を振るっている。なお、前者は葉が丸く、後者は葉が3～5裂。

マルバアメリカアサガオの萼（矢印）は多毛。アメリカアサガオも同様。

園芸アサガオの萼（矢印）はほぼ無毛。

# かわいい〝小顔〟も大変です

## マメアサガオ、ホシアサガオ

### 小さな白い進撃ラッパ

アサガオの仲間でありながら、小さな花を咲かせる種族もいる。あまりにも愛嬌たっぷりなのだけれど、その実態は白い小悪魔といえる。

小さな白いラッパみたいな花を、ぱらぱらと咲かせてみせる。その様子がおちょぼ口のようで愛らしい。たまに、敷きつめられたごとく咲き乱れている姿は実に壮観である。

全草のすべてがコンパクトなのでマメアサガオという。

いまや道ばた、駐車場、耕作地のいたる所で見られる顔となり、庭や菜園にも挨拶なしに入ってくる。見た目は小柄ながら、成長力で勝負をかける種族。茎やつる先をぐんぐんと伸ばして地べたを覆う。あらゆるものに絡みつき、陽光を独り占めするところはアメリカアサガオたち（前項）と同じ。

農耕地では、作物の品質低下、収穫作業の邪魔となり、たいそう嫌われる。庭や菜園でも、暴れ出すと始末に負えぬが、いまから知っておけば問題にならない。

### ピンクの進撃ラッパも高らかに

マメアサガオにそっくりな、桃色ラッパも進撃中である。ホシアサガオという。

**マメアサガオ**

*Ipomoea lacunosa*

**性質**：つる性の１年生
**開花期**：９～10月
**分布**：関東以西～沖縄（北アメリカ原産）
**生命力**：★★★

ホシとマメは、かつて温暖な地域だけで暴れていたが、温暖化が進むにつれ、北へ向かって快進撃。開花期が長くなり、花数も増え、タネの生産量も増加した。

どちらもこぼれダネでよく殖えるため、結実する前に根から取り除く。株元を握って引っこ抜くが、細かい根が残っても再生はしない。土が固くてうまく抜けない場合は、やや大きなシャベルで掘りあげたい。

除草したものは、ゴミ袋などに入れて焼却する。庭の隅に積んでおくと、タネが完熟し、やがてこぼれて殖えるのもアメリカアサガオと同じ。

かわいさのあまり栽培する人もあるが、逃げ出さぬよう細心の注意が必要。特に園芸初心者が手を出すと、ひどい火傷を負いかねない。

マメアサガオとホシアサガオは15年前なら「ごくまれな植物」だが、いまやそうではない。

ホシアサガオ。花の中心部が濃いピンク。

ホシアサガオもはびこると厄介な種族。

# 日本を呑みこむオレンジ軍団

## マルバルコウ

### 弱ったことに、元園芸種

オレンジ色したラッパ形の花は、いまや日本列島をひと息に呑みこもうとしている。

前項の小型アサガオたちとよく似た、小さな花を咲かせるが、その色彩は燃えるようなオレンジ色。

マルバルコウ（丸葉縷紅）といい、花が園芸種のルコウソウ（縷紅草）とよく似ている。縷《ル》は「細い糸」をいい、ルコウソウの葉が糸状に細長く切れこむ様子を表す。紅《コウ》は「赤みがかった花色」のこと。マルバルコウの葉は、亀の甲羅のように丸っこいのでその名がついた。

マルバルコウは、その鮮やかな花色といい、数え切れぬほどの開花数といい、園芸種としても実力派。土を選ばず、乾燥や湿気にも適応する。あらゆる場所に住むことができ、恐ろしい数のタネをばらまく。

秋になると、セイタカアワダチソウ（p.240）の黄金色で染まった河原が見られるが、オレンジのラッパは別の場所を埋め尽くしている。庭や菜園にも広がってきた。

### 確実に、埋め尽くす

10年前の図鑑では「中部地方以西に帰化」とある。最近の情報では、東北南部まで広がった。

**マルバルコウ**

*Ipomoea coccinea*

**性質：**つる性の１年生
**開花期：**8～10月
**分布：**東北南部以南
**生命力：**★★★

その進軍速度はわたしたちの想像をはるかに超えており、以前から広がっていた地域でもますます盛んに殖えている。住宅地の空き地や公園のフェンスに絡みつき、虎視眈々、あなたのお庭を狙っている。

一度はびこると、見わたす限りのマルバルコウの海となり（写真）、完全駆除は望むべくもない。

これを避ける方法は実にシンプルで、マルバルコウの姿を知り、いざ顔を出したら根から引っこ抜けばよい。タネまきさえ阻止すれば、勝利はわたしたちの手中に。

園芸種のルコウソウは、葉の姿がまるで違うので区別は簡単。こちらは温厚で大人しく、爆発的に殖えることがない。これほどまでに違うのは、本当に不思議である。

すべてを覆い尽くすマルバルコウの大群落。ほかの屈強な雑草たちも沈黙するほどの猛威を振るう。

つるを絡ませて空高く伸びるマルバルコウ。

ルコウソウの葉姿。花はマルバルコウと同じ。

# クセがキツい黄金の美容液

## ヘクソカズラ

### 忍びの天才

少し前の話、試しに葉を食べてみたことがある。

「意外とイケる」とニヤけた直後、信じがたい汚物臭が鼻腔と脳髄に突き刺さる。あまりにも衝撃的な悪臭に、身ぶるいが止まら……。

漢字で書くと屁糞蔓。まさに読んで字のごとし。特に茎を切ると、すこぶる臭う。栽培植物、フェンス、そのほかなんにでも絡みつくので厄介千万。気がつくと、庭の隅、鉢植えにまで住みついている。

こぼれダネで殖えるとされてきたが、生態学の専門文献で調べると「タネからの発芽についてはよく分かっていない」。地面をはいまわる茎から子株をつくるが、この詳しい仕組みも不明。意外とナゾが多い生き物なのである。

しかし結論は明らかで、いつの間にか、そばにいる。鉢植えに住みついたものは、そのまま引っこ抜けばよい。庭や家の周りに出てきたものが、非常に厄介である。

### 長いお付き合いです

庭から追い出すには、根から掘りあげる。といっても、ヤブカラシ（次項）のように巨大で強靭な根まわしはない。

ヘクソカズラ

*Paederia foetida*

**性質**：つる性の多年生
**開花期**：7～9月
**分布**：全国
**生命力**：★★★

痩せた根をしみじみと広げているだけなので、やや大きなシャベルで掘り起こす。栽培植物が一緒に抜けたら、丁寧に植えなおして、水をゆっくり、たっぷり注ぐと機嫌を直してくれるだろう。

一方、フェンスやコンクリートの割れ目から生えたものは、根の除去が不可能。地上部をカットするだけになり、やがて復活してくる。いささか長い付き合いを覚悟したい。

## 消失する悪臭、癒しの恩恵

奇妙な気を起こして育てると、花つきが豪華になり、大変美しい。また秋冬の黄金色の実は、オーナメントに最適。この実は完全に乾燥させると、あの悪臭が消えるほか、美肌に欠かせぬ保湿成分が豊富。

ハート形を細く伸ばしたような葉を対に生やす。葉姿だけで分かるようになると除草もスムース。

### 活用のヒント

**民間薬に**

市販の美容液などに含まれる「保湿成分」と同じものを、ヘクソカズラは生産する。特に結実に多く含まれ、むかしから、しもやけ、ひび、あかぎれの薬と珍重されてきた。ヘクソカズラの結実期は、ちょうど水仕事がキツくなり、乾燥肌に悩まされる時期。敵にまわすと厄介だが、視点を変えたら「その季節に必要なものが、向こうからやってくる」と考えてもよさそう。

完熟した結実。未熟だと例の悪臭が残っている。

# 仕事中毒対園芸中毒

## ヤブカラシ

### 仕事中毒植物

ヤブカラシ（薮枯らし）はどこからともなく現れて、庭を元気よくのたうちまわる。あらゆるものに絡みつき、大切な生け垣、ときに樹木すらを覆い尽くして弱らせるので、別名をビンボウカズラという。

つる性で、庭や畑でモーレツに暴れる雑草は限られており、なかでも難敵なのが本種。花が特徴的なほか、手のひら状に広げた5枚葉のフォルムがいやにスタイリッシュで色艶がよく、スベスベしている。よく目立ち、覚えやすい。

除草のとき、地上部を刈りこむだけだと、地下の根が際限なく殖え、太さも幼児の手首くらいになる。冬になると地上部は完全に消滅するが、地下の本体は貯蓄した養分を使って、休むことなく四方八方に根を伸ばし続けているのだ。深さ30～50cmほどまでを中心に、ときに深さ100cmまで潜行する。これを弱体化させるのがわたしたちの任務となる。

### 勝負は根気で制すべし

温暖な地域では結実して殖えるが、寒冷地では結実せず、おもに根茎を伸ばして繁殖する。その成長速度が尋常でなく、わずか半年で5mまで達することが知られる。

ヤブカラシ

*Cayratia japonica*

**性質**：つる性の多年生
**開花期**：6～8月
**分布**：全国
**生命力**：★★★

住宅地の庭でも、数ｍの根が普通に出てくるが、これもごく一部でしかなく、仕事中毒のヤブカラシが根気よく地下で構築したネットワークを1回で除去するのはまず不可能。

ならば、園芸中毒のこちらも根気よくと、春に伸びてきた、深紅の美しい新芽を根ごと引き抜く。地上部が伸びて、絡んで暴れ出さなければよしとする。

本格的に黙らせるなら、栽培種が休息に入った秋冬がよい。ヤブカラシは秋にも新芽をたくさん伸ばしてくるが、このときはしばらく様子を見る。それぞれの新芽の位置から、想像力を駆使して根の進行方向を推理する。そして穴を掘り、太い根茎をしっかりたぐって根こそぎ除去。これでしばらくは安泰である。

葉の姿が特徴的なので見慣れておくと便利。「気がついたら抜く」。それだけでも相当有効。

### 活用のヒント

**食用に**

上から下まで強烈な辛みとアクがある。「つる先」とその近くの若葉は例外で、軽く塩ゆでしてお浸しや和え物、椀物の具に。

**民間薬に**

ハチに刺されたときやムカデに咬まれたとき、生の葉をよく揉んで塗る使い方が知られる。乾燥させた根も解毒などのために、煎じて服用された。

春から冬まで旺盛に茂る。ちぎっても刈りこんでも見事に復活を遂げる、仕事中毒植物。

# おわりに

少しばかり前に、農林水産省の研究班が「自然が豊かな地域では、およそ400〜500種ほどの雑草が生育している」と報告した。そのうち、あなたの小さなお庭や畑に好んで住みつくものは、たぶん数十種類ほどに限られるだろうし、その顔ぶれはしばしば入れ替わっている。

これらすべてに「鎌を向ける」のか、土づくりの仲間として「受け容れる」のかは、なかなか悩ましい課題である。ただその前に、どんな連中がいるのかを知らなければ、検討のしようがないのは確かであろう。

みなさんの「とにかくまず、ちょっと知ってみたい」という好奇心の充足と、「もうちょっと、知ってみたい」という新しいキッカケの創造に、本著がわずかでもお役に立てたら望外の喜びである。

お庭をきれいに整えるのはとても気持ちがよいものだけれど、わたしたちが描き出した「小さな世界」で、気持ちよく暮らす生き物たちの多彩な姿を愉しめるのも、創造主として、ガーデナーとして、大きな喜びなのかもしれない。

庭に限らず、身近な世界を歩き、愉しみ、心に描きこむうちに、どんどんそこも「自分の庭」になってゆく。そうして世界を広げてゆくうちに、これまで見たことがなかったものがどんどんあふれ出てくる。いつかそれを、どこかで……。

なかなか無謀な刊行に至るまで、担当編集者の田上理香子氏にはいつもながら甚大な忍耐力と素晴らしいご助力をいただいた。森ひとみ氏と、これまで出逢えた多くの研究仲間にも心底より感謝を。本書を手に取ってくださったみなさんが、いっそう、自然世界と仲良く遊べる日々を、切に願うものである。

２０２3年3月31日　森昭彦

# 参考文献


## 薬用・食用に関する文献

木内文之・小松かつ子・三巻祥浩 編『パートナー生薬学（改訂第4版）』（南江堂、2022年）
岡田稔 監修『新訂原色牧野和漢薬草大圖鑑』（北隆館、2002年）
三浦於菟 監修、サンディ・スワンダ／田力 著、バンヘギ裕美子 訳『漢方生薬実用事典』（ガイアブックス、2012年）
橋本郁三 著『食べられる野生植物大事典』（柏書房、2003年）
アンドリュー・シェヴァリエ 著、難波恒雄 訳『世界薬用植物百科事典』（誠文堂新光社、2000年）
山下智道 著『野草と暮らす365日』（山と渓谷社、2018年）　ほか

## 見分け方に関する文献

門田裕一・林弥栄 監修『野に咲く花（増補改訂新版）』（山と渓谷社、2013年）
門田裕一 監修、畔上能力 編ほか『山に咲く花（増補改訂新版）』（山と渓谷社、2013年）
清水建美 編『日本の帰化植物』（平凡社、2003年）
佐竹義輔・大井次三郎ほか 編『フィールド版　日本の野生植物（草本）』（平凡社、1985年）
森昭彦 著『帰化&外来植物 見分け方マニュアル950種』（秀和システム、2020年）
神奈川県植物誌調査会 編『神奈川県植物誌2018』（神奈川県植物誌調査会、2018年）　ほか

## 生態や防除に関する文献

森田竜義 編著『帰化植物の自然史＜侵略と攪乱の生態学＞』（北海道大学出版会、2012年）
伊藤操子 著『多年生雑草対策ハンドブック』（農山漁村文化協会、2020年）
森田弘彦・浅井元朗 編著『原色　雑草診断・防除事典』（農山漁村文化協会、2014年）

## 学術論文ほか

岩槻秀明「千葉県立関宿城博物館周辺におけるギシギシ雑種群の観察記録」（『千葉県立関宿城博物館 研究報告』26号、pp.70 ～ 75、2022年）
浅井元朗「農耕地への外来雑草の侵入・拡散」（『雑草研究』58巻2号、pp.78 ～ 84、2013年）
植村修二「帰化植物とつきあうにはなにが大事なのか」（『雑草研究』57巻2号、pp.36 ～ 45、2012年）
笠原安夫「日本における作物と雑草の系譜（1）」（『雑草研究』21巻1号、pp.1 ～ 5、1976年）
黒川俊二「農耕地における外来雑草問題と対策」（『雑草研究』62巻2号、pp.36 ～ 47、2017年）
清水矩宏「最近の外来雑草の侵入・拡散の実態と防止対策」（『日本生態学会誌』48巻1号、pp.79 ～ 85、1998年）
沼田真「植物群落と他感作用」（『化学と生物』15巻7号、pp.412 ～ 418、1977年）
根本正之ほか「農耕地周辺に自生する小型植物の被覆による雑草抑制効果」（『雑草研究』43巻1号、pp.26 ～ 34、1998年）
森田茂紀ほか「植物の根に関する研究の課題」（『日本作物学会紀事』68巻4号、pp.453 ～ 462、1999年）
独立行政法人 農業･食品産業技術総合研究機構 中央農業総合研究センター「外来難防除雑草の防除技術」（2013年）
山口裕文ほか「雑草生物学概説」（『雑草研究』36巻1号、pp.1 ～ 7、1991年）　ほか

## な



## は



## ま



## や・ら・わ



＊主なページ、特に見た目が似ているもののページを掲載しています

## さくいん

著者　森 昭彦（もり・あきひこ）
1969年生まれ。サイエンス・ジャーナリスト、ガーデナー、自然写真家。1999年より自宅でガーデニングを始め、1000種以上の試験栽培や関東圏でのフィールドワーク、国営公園における植栽管理を通して、雑草の発生や栽培種への影響を調査し、執筆・撮影を行う。著書は、『身近な雑草のふしぎ』『身近な野の花のふしぎ』『うまい雑草、ヤバイ野草』『身近にある毒植物たち』『身近な雑草たちの奇跡』（すべてSBクリエイティブ）など多数。

# 庭時間が愉しくなる雑草の事典

## 身近にあるとうれしい花、残しておくとヤバイ野草

2023年4月28日　初版第1刷発行

著者　森 昭彦
発行者　小川 淳
発行所　SBクリエイティブ株式会社
〒106-0032 東京都港区六本木2-4-5
電話：03-5549-1201（営業部）
印刷・製本　株式会社シナノ パブリッシング プレス

装丁　渡辺 縁
本文デザイン　笹沢記良
（クニメディア株式会社）
校正　株式会社ヴェリタ、秋山 勝
編集　田上理香子
（SBクリエイティブ株式会社）